アルブレヒト・デューラー

「築城論」
注　解

下村耕史編著

中央公論美術出版

BEFESTIGUNGSLEHRE
by
Albrecht Dürer
Japanese Translation and Commentary by Koji Shimomura
Published 2013 in Japan
by Chuo-Koron Bijutsu Shuppan Co.,Ltd.
ISBN978-4-8055-0714-8

目 次

序　言 ……………………………………………………… *iii*

第一部　邦訳 ……………………………………………… *2*

第二部　独文テキスト …………………………………… *51*

第三部　デューラー「築城論」解説 …………………… *95*
 凡　例 …………………………………………………… *95*
 はじめに ………………………………………………… *96*
 第一章　デューラー『築城論』成立の背景 ………… *97*
  第一節　トルコの脅威 ………………………………… *97*
  第二節　デューラーの要塞施設への関心 …………… *98*
 第二章　『築城論』に至る要塞論の系譜 …………… *101*
  第一節　ウィトルーウィウス ………………………… *101*
  第二節　イタリアにおける要塞論 …………………… *102*
  第三節　ドイツにおける要塞論 ……………………… *107*
 第三章　デューラーの要塞体験と有識者の助言 …… *108*
  第一節　デューラーの要塞体験 ……………………… *108*
  第二節　有識者の助言 ………………………………… *109*
 第四章　『築城論』の構成と内容 …………………… *111*
  第一節　章の区分と大砲をめぐる稜堡構想 ………… *111*
  第二節　『築城論』第一章　稜堡の建築 …………… *112*
  第三節　『築城論』第二章　要塞化された首都の建設 … *114*
  第四節　『築城論』第三章　狭隘地の円形要塞 …… *118*
  第五節　『築城論』第四章　既存都市の要塞に関する一層の強化 *120*

第五章　『築城論』の後世への影響 ……… 123
第一節　『築城論』の後世への影響 ……… 123
第二節　『築城論』の継承者 ……… 124
第三節　近代ドイツにおける『築城論』の再評価 ……… 128

終わりに ……… 129
注 ……… 130
主要参考文献 ……… 137
挿図・補図リスト ……… 137
挿図・補図出典一覧 ……… 138
デューラー『築城論』刊行本リスト ……… 139
年　譜 ……… 143
編者あとがき ……… 146
索　引 ……… 148

アルブレヒト・デューラー

「築　城　論」

注　解

序　言
―デューラーの理論的著作を貫くもの―

　ルネサンス期のドイツ美術を代表するアルブレヒト・デューラー（Albrecht Dürer 1471-1528）は、56歳11カ月の人生を終えるまで、多数の油彩画や版画等の造形作品とともに、人体均衡論、幾何学および建築の3分野に亘る理論書を公刊した。またそれら刊行本の草稿、「家譜」、「覚書」、「ネーデルランド紀行」を含む多数の遺稿および多くの書簡は今日まで遺され、それらはデューラーとその時代を研究する貴重な資料となっている[1]。

　精力的な創作の傍ら、デューラーをしてこれら三種の著作を執筆させ、多くの草稿を遺すようにさせたものは何であったのか。この問いに対して、それは造形活動を貫く理論的認識の探究であったと言えよう。

　デューラーが理論を意識した最初の機縁は、彼の遍歴時代（1490-94）に遡る。彼は遍歴時代の後半にマンテーニャやポライウオーロ等のイタリアの画家による銅版画を素描で模写した。デューラーは模写に際して、銅版画の構図や人体構成から、ドイツの伝統とは異なる造形の原理を漠然とではあるが感知したと推測される。この感知してはいたがはっきりと理解できなかったものが、ヤーコポ・デ・バルバリ（Jacopo de' Barbari.c.1450-1515／16）との出会いで鮮明に理論として意識されるようになる。『人体均衡論四書』のピルクハイマーへの献辞草稿（1523年）には、このようなバルバリとの運命的な出会いについて次のように記される。

　「しかしながら小生はヴェネツィア生まれの愛すべき画家ヤーコブスと呼ばれる一人の男の他に、人体均衡の作図法について幾らかなりとも書いた人を全く知りません。彼は小生に比例に基づいて作図された男女［の像］を示しましたが、小生は当時彼の意図が何であったのかを見てとることを新しい王国よりも好もしく思いました。そしてもし小生に出来ることならば彼に敬意を表するためにそれを刊行し一般の用に供したいと願いました。しかし当時まだ若く、かかる事柄について全く聞いたことも無かったのであります。理論は小生にとり極めて好ましいものであったので、どうすればこのような事柄を成就できるものであるのかと熟考しました。何故なら上記のヤーコブスはその根拠を小生に明示するのを好まないことに小生は気付いたが故であります。そこで小生はそれを自身のこととして取り上げ、男性の均衡について些か記しているウィトルーウィウス［の建築論］を読みました。こうして小生は上述の二人から端緒を承け、その後は小生自身の企図に即して日夜研鑽を重ねたのであります。」[2]

　この文には、1500年頃ニュルンベルクに滞在したヤーコポ・デ・バルバリが、均衡論による男女のデッサンをデューラーにみせたが、人体の構成原理を彼に明かそうとしなかったこと、従っ

てデューラーが人体均衡について論じるウィトルーウィウス『建築書』(第三書、1)を自分で読んでその理解に努めたことが記される。それでも不十分さを感じたデューラーは美術理論を究めるため、イタリアの美術理論書を更に研究することになる。アルベルティの『絵画論』(1435/36年)、『彫刻論』(1464年以降)、『建築論』、ピエロ・デッラ・フランチェスカの『絵画の透視図法』(1484/87年)、レオナルド・ダ・ヴィンチの「絵画の書」草稿、ルカ・パチョーリの『神聖比例』(1509年)、ポンポニウス・ガウリクスの『彫刻論』(1504年)等が彼の研究の対象になったことは、これまでの多くの論考から明らかである。

デューラーは更に二度のイタリア旅行 (1494-95、1505-07) を通して、イタリアのルネサンス美術が、当時末期ゴシック美術の状態にあったドイツ美術と完全に異なる様相を呈していることを実感した。その相違の内容は『測定法教則』(1525年刊) の献辞の次の文によく現れている。

「これまで我がドイツの国では、多くの有能な若者が、何ら基礎を弁えずにただ日常的な慣習からだけ学んだ絵画の技術を実践するように仕向けられてきました。……思慮ある画家たちや真の美術家たちがこのような無思慮な作品をみてこの人々の盲目ぶりを嘲笑したのも無理からぬことでした。……だがこのような画家が彼らの誤りに満足を見い出したのには、それなくしては誰も真の工匠になりえず、また工匠たり得ない、測定の理論を学ばなかったということが原因になっているのです。だがこの理論こそあらゆる絵画の真の基礎であるので……単に画家だけでなく、金細工師、彫刻家、石工、指物師および尺度を使用する全ての者に役立つことができるからです。」[3]

ドイツの画家に対する同様の批判は『人体均衡論四書』(1528年刊) の献辞にも、若干の譲歩を伴いながらも、次のように繰り返される。

「というのも、ドイツの画家たちには測定の理論や透視図法およびその他同様の事柄については従来欠陥がみられたとはいえ、彼らの腕前〔慣習的技術〕と色彩の施し方が少なからず巧みであることは明らかであるからです。それで彼らがそれらを同様に習得して実践と理論をともに自己のものとするならば、他の如何なる国民にも彼らがその栄誉を譲ることは次第になくなるものと期待されます。しかし能う限り丹誠こめて作られるにしても、正しい比例が使用されなければ、如何なる像も完全ではないのです。」[4]

『測定法教則』の献辞ではドイツの若者が「基礎を弁えず……慣習からだけ学んだ絵画の技術を実践し……無思慮な作品」を作り、「盲目ぶり」を呈したのは、「測定の理論」(kunst der messung) を習得していなかったからだと言われる。そしてその対概念として「尺度」(maß) という言葉が使用され、この言葉は『人体均衡論四書』の献辞で「正しい比例」つまり均衡と言い換えられている。

測定と尺度および均衡という言葉はこれらの献辞だけでなく、デューラーの著作全体と遺文集を貫く、デューラーの造形に関する基本概念である。この関連で重要なことは、これらの概念が古代における調和の観念に由来し、ギリシアとローマ美術で実現された調和美の復活をまさに今

イタリア人が成し遂げつつあるという歴史的文化現象を、デューラーが認識していた上で述べられていることである。今日イタリア・ルネサンスと称されるこの現象を、デューラーが明確に意識していたことは、次に引用される「絵画論」序論草稿（1508／09年頃）の再生（widererwaxsung）という言葉の使用と、『測定法教則』献辞の次の文から明らかである。

「それで理論を教える人の数は我々の間では極めて少なく、また各自が自分の理性と習練から理論を求め見いだすことも、また至難である。それが如何に難しいかを、私はよく知っている。それで今日の再生（widererwaxsung）に至るまでの千年間に、我々に伝えられるべき理論が考究されずに消滅してしまったので、私は巨匠の方々に、その天賦の才を我々にも分かち与えられることを懇願する。」（「絵画論」序論草稿）(5)

「この理論がギリシア人とローマ人の間で如何に高く尊重され評価されていたかは、昔の書物が十分に示しています。その後それは全て失われて千年来埋もれたままでしたが、漸く最近二百年のうちにイタリア人によって日の目をみるに至ったのです。」（『測定法教則』献辞）(6)

デューラーの美術観を貫く測定と尺度および均衡という概念は、デューラーの没する前年に公刊された『築城論』（1527年刊）にも、基本的な役割を果たしている。この書のテーマである稜堡と要塞の建設は、測定と尺度と均衡の概念を基本とする幾何学の知識を必須とするからである。そしてデューラーは画家のための幾何学の教科書とも言うべき『測定法教則』を完成するほど、幾何学に精通していた。

彼が幾何学に精通できた背景として、デューラー以前からドイツで培われてきた数学および幾何学の伝統と、当時としてはヨーロッパでも最も先端的なニュルンベルクの数学的環境が言及されなければならない。

ドイツではすでにデューラーの『測定法教則』公刊以前に、数学の研究による測量術に関する便覧が著されていた。ドイツ騎士団の無名の一員が1400年頃作成した『ゲオメトリア・クルメンシス』はその最古のものとみられる。それはラテン語で書かれ、各節にドイツ語訳が付されており、測量術の幾何学的前提がそれに含められている。三角形、四角形、五角形と円に関する計算が五つの節で取り扱われる。ドミニクス・パリジエンシスの『実践幾何学』がその主要な源泉であった。これらの書はデューラー以前には印刷に付されていない(7)。

これに対して『ドイツ幾何学』は、15世紀末には印刷に付され、職人と美術家の使用に広く供された。この手引き書では、直角、正五角形、七角形、八角形の構成、円の中心の見つけ方等が主要な項目である。その直角の構成はプロクロスの考案になる方法で、正五角形の構成は近似的構成で教えられる。レオナルド・ダ・ヴィンチも正五角形についてはこの方法を利用した。πはアルキメデスの近似値 $3+1／7$ が採用されている。それぞれの項目には木版画による挿絵が添えられ、覆面かぶとの構成はとりわけ注目される。その側面観は、正方形とその内部の文字の記された水平線と垂線から構成され、デューラーによる頭部構成法と同じである。更にマテス・ロリツァー著『ピナクルの正しい扱いに関する小冊子』とハンス・シュムッテルマイア著『ピナク

ルに関する小冊子』は、建築と金細工に関する幾何学的知識を伝える[8]。

　以上のようなドイツの数学的伝統を背景にして、デューラーは美術理論に必要な数学・幾何学上の知識を、彼の都市ニュルンベルクの学問的環境から得ることができたとみられる。ルップリッヒによれば15世紀のドイツで文化・学問上特筆されることの一つは、数学の分野で多くの成果が挙げられたことである。なかでもゲオルク・フォン・ポイエルバッハ(Georg von Peuerbach 1423-1461)、ヨハネス・レギオモンタヌス (Johannes Regiomontanus 1436-1476) およびニコラウス・クザーヌス (Nikolaus Cusanus 1401-1464) の数学的業績は、問題の設定とその解法について、全ヨーロッパで彼らに比肩する人物はいないと評されるほど今日高い評価をうけている。即ち、クザーヌスは円積法の問題で理論幾何学の確かな基盤に至り、ポイエルバッハとレギオモンタヌスは平面三角法と球面三角法で功績を挙げている。デューラーは彼らの影響のもとに、数学の理論を平面における立体の図形的描写に適用し、造形芸術のために数学上の知識を利用することができた。

　ルップリッヒによればデューラーの生きた1471年と1528年の間はまさに、ニュルンベルク在住の学者による数学研究が最も輝かしい展開と全盛期を迎えた時期であり、デューラーの誕生した1471年に、レギオモンタヌスがニュルンベルクに居を構えて13巻からなる「幾何学書」の草稿を練り上げていたことは1474年頃の出版広告から明らかである。そしてレギオモンタヌスの弟子たちと天文学者ベルンハルト・ヴァルター (Bernhard Walther ca. 1430-1504) の研究成果が、天文学者ヨハネス・ヴェルナー (Johannes Werner 1468-1522) とデューラーの親友ヴィリバルト・ピルクハイマー (Willibald Pirckheimer 1470-1530) に伝えられ、デューラーへの彼らの助言が『測定法教則』の企画と内容の構想に大いに刺激となったことは間違いないとみられる。更に当時ニュルンベルクにはレギオモンタヌスの創設した文庫をヴァルターが受け継いだ所謂「レギオモンタン-ヴァルター文庫」(Bibliothek Regiomontan-Walthers) が設立されていたことも、デューラーの数学研究に大いに裨益したに違いない。この文庫には古代と中世の古典的な数学書の写本と印刷物の殆どが含まれていたからである。デューラーはこの文庫を大いに利用し、1523年にはこの文庫から10冊ほど購入している[9]。

　デューラーは以上のように、測定と尺度および均衡という概念を美術理論の本質とみなし、それに基づいて新時代に相応しい優れた造形作品を創作した。それとともに彼はニュルンベルクで習得した幾何学と数学の知識を活用して『築城論』を完成した。それ故『築城論』は美術の理論と当時の歴史的状況下における現実社会の要請とが一体となった、一種の芸術作品と称することもできるのである。

〔注〕

(1)　＊Albrecht Dürer：*Unterweysung der Messung mit dem Zirkel und Richtscheit,* Nürnberg 1525.

邦訳：『アルブレヒト・デューラー「測定法教則」注解』、下村耕史訳編、中央公論美術出版、
　　　平成20年（2008）。
＊Albrecht Dürer：*Unterricht über die Befestigung der Städte, Schlösser und Flecken*,
　Nürnberg 1527.
＊Albrecht Dürer：*Vier Bücher von menschlicher Proportion*, Nürnberg 1528.
　　邦訳：『アルブレヒト・デューラー「人体均衡論四書」注解』、下村耕史訳編、中央公論美術
　　　出版、平成7年（1995）。
＊Hans Rupprich：*Dürers schriftlicher Nachlaß*. 3 Bände. Berlin 1956/69.
　　このルップリヒの浩瀚な『デューラー遺稿集三巻』を底本にする邦訳：
　　下村耕史訳編、『アルブレヒト・デューラー「絵画論」注解』、中央公論美術出版、平成13年
　　　（2001）。（「絵画論」のための草稿類）
　　前川誠郎訳・注、『アルブレヒト・デューラー　ネーデルラント旅日記　1520-1521』、朝日
　　　新聞社、1996年、同氏訳、『デューラー　ネーデルラント旅日記』、岩波書店、2007年
　　前川誠郎訳・注、『デューラーの手紙』、中央公論美術出版、平成11年、同氏訳、『デュー
　　　ラー　自伝と書簡』、岩波書店、2009年

（2）Rupprich, Bd.1, S. 103.『デューラーの手紙』、148-149頁、『デューラー　自伝と書簡』、212-213頁
　　『デューラー　人と作品』、講談社、1990年57-58頁。本文の邦訳は前川誠郎氏による。
（3）『アルブレヒト・デューラー「測定法教則」注解』、下村耕史訳編、11頁。
（4）『アルブレヒト・デューラー「人体均衡論四書」注解』、下村耕史訳編、3頁。
（5）Rupprich, Bd. 2, S.144.『アルブレヒト・デューラー「絵画論」注解』、122頁。下村耕史著、
　　『アルブレヒト・デューラーの芸術』、中央公論美術出版、平成9年（1997）308頁。「理論」は
　　デューラーでは"kunst"という語で言われる。
（6）『アルブレヒト・デューラー「測定法教則」注解』、下村耕史訳編、11-12頁。
（7）前川道郎氏によれば、『実践幾何学』の著者は12世紀の修道士サン・ヴィクトルのフゴ（1096-
　　1141）とされる。ロン・R. シェルビー編著、前川道郎・谷川康信訳、『ゴシック建築の設計術
　　―ロリツァーとシュムッテルマイアの技法書―』、中央公論美術出版、平成2年（1990）、227
　　頁。Rupprich, Bd.3, S. 309.
（8）『ドイツ幾何学』、マテス・ロリツァー著『ピナクルの正しい扱いに関する小冊子』およびハン
　　ス・シュムッテルマイア著『ピナクルに関する小冊子』は、『ゴシック建築の設計術』に邦訳
　　がある。
（9）Rupprich, Bd.1, S. 221, 227f..

アルブレヒト・デューラー　『築城論』
ニュルンベルク　1527年

〔ベーメンとハンガリアの王としてのフェルディナント１世の紋章〕

第一部　邦訳

都市・城郭・村落の要塞化に関する幾つかの指南

〔献辞〕尊厳なる大公殿下、ハンガリアとベーメンの王、イスパニア親王、オーストリア、ブルグントおよびブラバントの大公、ハプスブルク、フランドルおよびチロルの伯爵、神聖帝国におけるローマ皇帝陛下の最も恵み深き我らが代理人たるフェルディナントの君に、我が最も慈悲深き殿下に。

　尊厳なる国王陛下よ、最も慈悲深き殿よ！　最も尊厳にして賞讃されるべき追憶の主なる、陛下の主君にして祖父たる、今はなきマクシミリアン皇帝陛下より私に下された恩恵と慈善のために、前記皇帝陛下に劣らず、貴陛下に我が貧弱なる能力をもってお仕えすべき義務があると心得る次第であります。陛下が幾つかの都邑に防御工事を施すように命じられたことを伝え聞きましたので、陛下がそこから何かを採用される気持ちにならんがために、私の貧弱なる考えを御覧にいれようという気持ちを私は抱くようになりました。なぜなら、私の提案は必ずしも全ての場所に受け入れられるものでないにしても、部分的にはそこから役立つものが、陛下だけでなく、暴力と不当なる圧迫に対して進んで自衛せんとする他の君侯、領主および都市にとって、生まれてくるものと考えるからであります。陛下がこの私の奉仕の証しを私から受けとられんことを恐れながらお願い申し上げます。

　国王陛下の恭順なる

　　　　アルブレヒト・デューラー

第一章　稜堡の建築

1. 一般的な原則

　昨今多くの未曾有の出来事〔トルコ軍の突然の侵入と攻撃〕が生じているので、王、諸侯、領主、都市が要塞を築いて自らを防御することが必要であると私は考える。キリスト教徒が異教徒から守られるだけでなく、トルコ人と近接する諸地域が彼らの暴力と砲弾から救われるためである。そこで私は、戦争に参加して経験をつみかさねた軍事通の人たちが、それを改良することを期待して、このような要塞を建造するためのささやかな指南書を著すことを企図した。

最初に私が考えることは、重量のある大砲が設置される建築物の城壁は、垂直や無傾斜であってはならないということである。6、8あるいは10門の大砲から城壁にむけて砲弾が発射されて、それらが城壁中央を破壊すれば、しかも砲弾が二度や三度繰り返し城壁に向けて発射されれば、城壁の上部は重さに耐えかねて崩壊する。建築物が重いほど、上部の崩壊は起こりやすい。

　要塞を建築する資金がなく、あるいは苦境のなかで緊急を要する幾つかの場所では、大きな土塁が作られる。それらは盛り上げられ交差させられる。人々は大胆にもそれで防御する。それはそれでよい。この書に記述されるのは、そのような土塁についてではない。兵士たちは土塁の造り方をよく知っており、その造り方を日々学んでもいる。戦闘上彼らはやむを得ずそうしている。このような土塁が必要とされないとき、それらは通常破壊され、その後誰もそれに注意を払おうとしない。

　強大な都市や由緒ある城郭では、城壁と塔が備えられ、その周りに有壁の壕が繞らされる。たとえその時代に必要でないとしても、城壁もその他の建築物も、その要塞が後世まで永続できるように、造られるべきである。従ってその城壁は堅固に築かれなければならない。そうするには多大な建築費がかかると言われるならば、エジプト王のことを想起するがよい。彼は多くの費用をかけてピラミッドを建てたが、それは役に立つものではなかった。それでも建築のために費用をかけたことは非常に有益であった。というのも諸々の君主は多くの貧しい人々をかかえ、彼らの生活は各人の労働に対して支払われる日当で維持されるか、そうでなければ施し物で維持されなければならないからである。彼らが物乞いをしないですめば、それだけ彼らは反乱を起こさないですむ。君主がある日敵軍に自国を侵され、自国から追放されるよりも、多大の費用をかけて要塞を建築し、自国に留まる方が当然よいわけである。それは誰にでも容易に分かることである。

　それでも本書で後に示されるほど頑丈な城壁を造る必要はないと述べる人たちも幾人かはいよう。少ない経費で小規模の建築物を本書のそれと同程度に堅固に造ることができれば、その方が人には喜ばれる。それ故それが可能であることを実際に示す人がいれば、その人に人々は喜んで従う。だが敵軍の侵入を懼れて要塞を建造しようとする人は、私が本書で後に示すよりも一層堅固な要塞を建造すべきであると私は言いたい。というのも今日戦争にはつきものの猛烈な砲撃に対処することが確かに必要であるからである。私は本書で非常に尊敬されている棟梁たちを教えようとは思っていない。彼らは要塞の建築法をよく理解している。だがこの点において十分に教えられないまま、要塞の建築を強いられている彼らに、図面で建築物をよく見ることを私は勧める。だが何人も本書に従うよう縛られておらず、彼自身のよい考えと着想を使用ことができる。

2．稜堡の全体的輪郭

　要塞を建築するには、最初に防衛上最適の場所である都市の城壁の位置を検討する。敵軍に砲弾を集中して発射できるように、同一の場所に一つ以上の稜堡が必要であれば、敵軍から最も射撃され難い場所にそれらの稜堡を設ける。要塞の建築物は、岩石の上であれ自然の地面の上であれ杭の上であれ、堅固な基礎の上に築かれる。稜堡の前を取り巻く有壁の都市壕の広さは、場所

第一部　邦訳

の状況が許せば、稜堡の基礎において少なくとも200シュー〔≒60m、1シューは約30cm〕まで拡げられる。そして壕の深さを55シューにする。

　この壕のなかに更に小さな壕〔cunette〕を造る。それは都市城壁の一方の側から他方の側までの、稜堡直下の処とその周辺の砲台前の壕のことであり、その幅は18シュー、深さは12シューである。それは、敵兵が壕に侵入しても、彼が直ちに砲口の方に来ないようにするためである。

　稜堡を都市城壁の前の都市壕に後述のようにかなりの広さで突き出させる。稜堡がこのように設けられれば、都市城壁前方の稜堡の両側で、防衛は成功するであろう。都市城壁前方と同様にその後方にも防衛のための稜堡が造られれば、その方が一層よい。

　私は都市壕についてここでは空壕として述べているが、都市壕が深い水壕であれば、その方が防衛上効果がある。

　最初に2線ABとBCで、稜堡の建築がなされる都市城壁の角の形が描かれる。この両方の線が角をなすところをBとする。長さ300シュー〔≒90m〕の直線DEで角Bを截る。そうすれば次図に示されるように〔図1〕、DBとBEは同じ長さになる。私が後に建築について述べるとき、私の提案は次の2図より大きな図で示される。

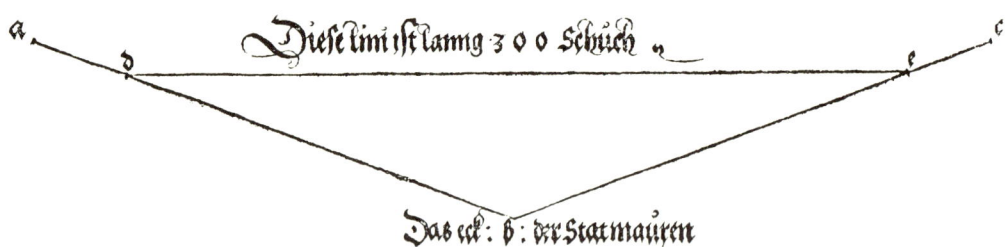

〔図1：都市城壁の角の平面図：テキストの説明文：「この線は300シューの長さである。都市城壁の角。」〕

次に線deの中央と角bを通って、線deと十字に交差する線fgを引く。deとfgのなす四つの角は同じである。gは壕に面する。四つの角の中点はhである。線gh上に点iを、gの方に向かってhの前90シューのところにとる。次にコンパスの一方の脚を線fh上の規定点kにおき、他方の脚で円弧dieを描く。この円弧が壕の方に張り出す稜堡の基礎を示す。都市における稜堡後部の基礎の深さが稜堡前部の基礎と同じ深さであるように、考慮されなければならない。それでもその深さは線deの前方の壕の基礎ほど深くされる必要はおそらくない。ともかくもこの稜堡上部はその前後が同じ高さでなければならない。そうすればそれだけ壕の防御とその他必要な事柄についてそれだけよくなすことができる。それ故、線deを長辺とする幅60シューの長方形を作る。lとmはこの長方形の2つの角である。こうすれば稜堡の基礎はこれらの線に含まれる。

　都市城壁と繋がれない稜堡を造ろうと思えば、稜堡後部を前部と同じ形態に造り、容易に破壊

第一章　稜堡の建築

されない堅固な通路を、その側方か最も適切な場所に組み込む。更に詳しく述べる前に、都市側に長方形のあるこの稜堡の基礎を、上記の線で次図〔図2〕に示す。

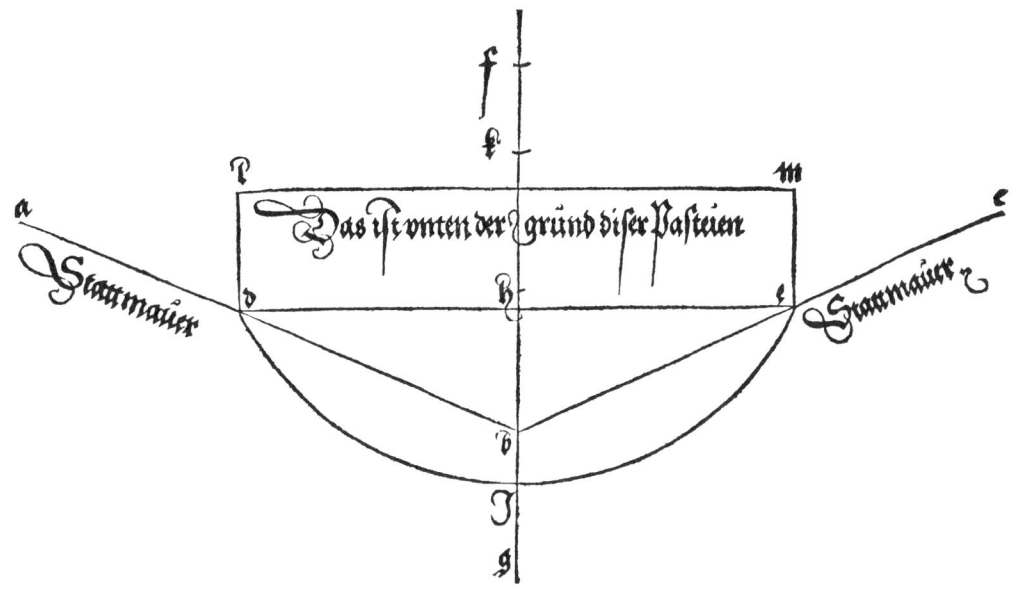

〔図2：都市城壁部における稜堡の平面図：テキストの説明文：「これはこの稜堡下部の基礎である。都市城壁。」〕

3．基礎下部の壁と強度

　次に城壁の厚さを決める。先ず都市城壁が稜堡に接する処では、その厚さをそれまで通りにする。都市城壁を要塞の建築物にそのままの厚さで組み入れて要塞の建造物として役立てることができれば、その方がよい。線ｄｅにおける基礎として、厚さ18シューの真っ直ぐな壁を設ける。円形城壁ｄｉｅの最初の基礎の厚さも18シューにする。コンパスの一方の脚をｋにおき、他方の脚で線ｄｅに至るまで、18シューの厚さで城壁の外周を描く。コンパスの脚が線ｄｅの両側に接する処にそれぞれｎとｏと記す。ｄｎとｏｅの厚さをとり、その厚さを線ｌｍまで及ぼす。側壁の厚さはこのようになる〔18シュー〕。一方水平な後壁ｌｍの厚さを10シューにする。線ｋｈｉ上に〔線ｄｅ上の壁と〕交差する厚さ18シューの壁を造る。正面の円形壁の後ろに、別の二つの円形壁を設ける。それらの円形壁も円形壁間の空域も、中央壁ｄｅに近づくほど狭細になる。この狭細化を次のようになす。交差線ｈｇ上の、中央の壁ｄｅと点ｉの間の長さをとる。線ｈｉ上に円形壁の厚さを点ｚで記す。ｈは壁ｄｅ上にある。この３点ｉｚｈを定規に刻む。ｂを直角としｃを垂線として、三角形ａｂｃを作る。ｃｂを５点で６等分する。ｃｂ間の全ての点から点ａに直線を引く。定規をとり、点ｉを三角形の上辺ｃａにあてる。点ｈを線ａｂ上におき、点ｚが線ｃａの下の最初の点から点ａに引かれた線と交差するまで、定規を移動させる。線ｃｂから点ａに引かれた別の線は、ｚｈ間で定規と交差する。それらの交差点を定規に記す。定規上のこれら全

5

第一部　邦訳

ての点が稜堡の基礎に移される。点k〔正しくはi〕から真っ直ぐな壁deまでの領域に亘る円形壁を、定規から移された以上の点に従って描く。そうすれば壁と壁の空間は精確に狭細化される。この稜堡の基礎のための図を次に示す〔図3〕。

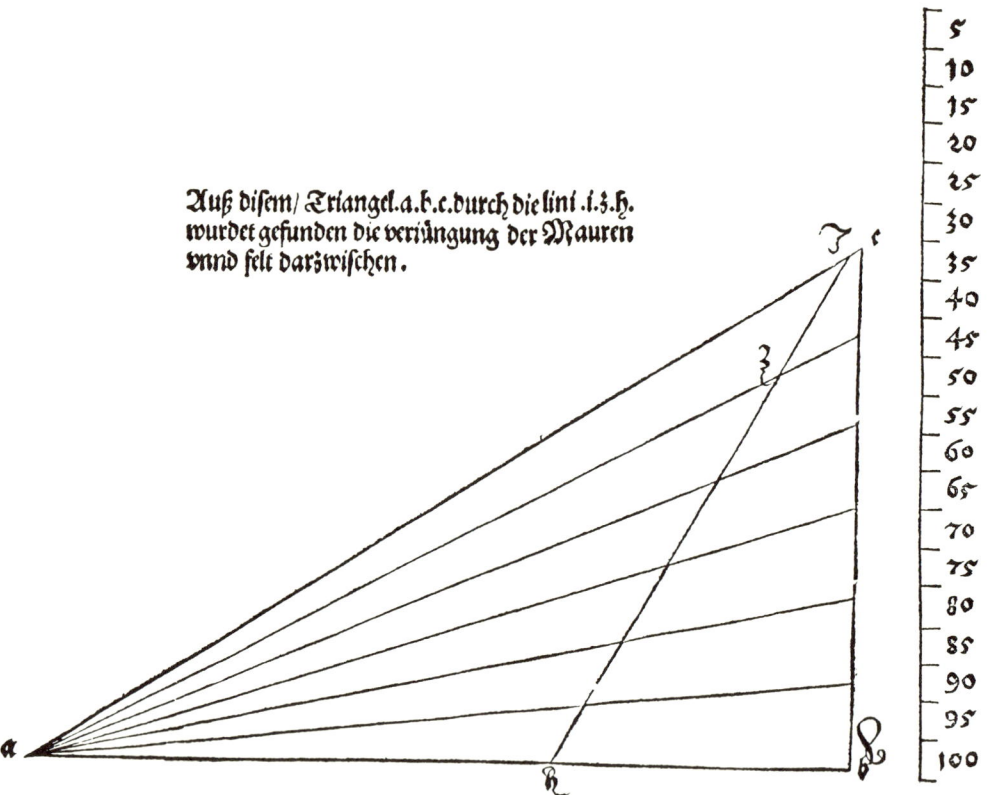

〔図3（左）：狭細化のための三角形と定規：テキストの説明文：「三角形abc内の線izhにより、壁と壁間の空間の狭細化が見いだされる」；図4（右）：5から100シューまでの目盛り：テキストに説明文はない〕

次にdiとie間の中央で〔壁deと〕交差する厚い壁hzの各々の側に、その側面が点kに方向づけられた厚さ18シューの控壁を2つ設ける。今述べられた厚い壁の間に4つの控壁を設け、各控壁のアーチの厚さを10シューにする。それらの控壁を全て点kに方向づける。noに向かい合う三角壁を強化するために、それを控壁で支えようと思えば、そうすることもできる。

次に後方の長方形において、2つの壁lmとdeの中間に厚さ10シューの別の壁を造り、それで前後を分ける。〔壁deおよび壁lmと〕交差する壁hkの各々の側に、それぞれ厚さ18シューの〔上記の厚さ10シューの壁と〕交差する2つの壁を設ける。また壁hkの両側に、各々厚さ10シューの4つの〔上記の厚さ10シューの壁と〕交差する壁を、厚い壁の間に設ける。

6

第一章　稜堡の建築

　壁と壁の間の空間にも厚い角石を十字状に積み重ね、隅には斜めにおく。こうすれば壁間に残るのは、正方形か三角形の隙間だけである。このようにして稜堡の土台となる基礎は、縮小されたシューの尺度と形態で図示される〔図5〕。それ故、私は100シューの長さの線を図示した〔図4〕。この線は以下、稜堡のあらゆる部分が測られる基準となる。

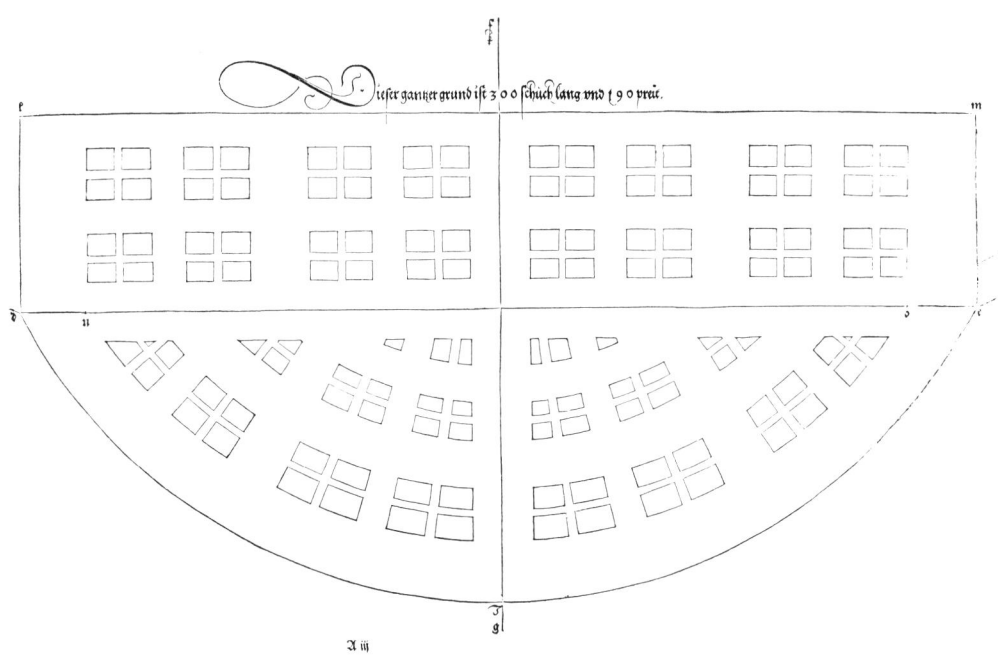

〔図5：稜堡の基礎下部：テキストの説明文：「この基礎全体は長さ300シュー、幅190シューである」〕

4．基礎上部の壁と強度

　今造られた基礎上にその上部を建築するには、基礎の占める床面よりも建築物の上部を内側に引き込ませて傾斜面を与えることが必要である。また建築物内の全ての施設を下の基礎よりも縮小された形で示すべきである。それは次のようになされる。最初に線ｄｅを引く。それと線ｆｇを交差させる。点ｋｈを前と同様に定める。点ｉを線ｇｈ上でｈの方に15シューずらす。点ｋからコンパスでずらされた点ｉを通り、線ｄｅの両側に接するようにして円を描く。線ｄｅと円弧の接点から、幅45シュー後方に、ｄとｅが直角になるように線を引く。前同様にそこにｌｍの2文字を記す。線を引いて長方形を作る。こうして上部プランないし基礎上部は、あるべき長さと幅でその平面図が描かれた。交差線ｋｇ上に、基礎下部よりも30シュー短い建築物上部が設けられる。線ｄｅ上の建築物も基礎下部よりほぼ35シューほど短くなる。

　真っ直ぐなおよび湾曲する壁は基礎下部に正確に対応する形で縮小された上で、基礎上部に設

第一部　邦訳

けられなければならない。それは次に示す方法により精巧になされる。基礎の平面図の交差線ｋｈｇ上に、湾曲する壁の厚さとそれらの壁と壁の間の空間の広さを点で記し、それらの点に文字を付す。これら全ての点を一水平線上に移す。この水平線の始まりをｉ、その終わりをｌｍとする〔図6の下の水平線〕。点ｈから直角に上に、必要な長さで垂線を引く。〔基礎下部よりも〕小さな基礎上部における、点と文字の付されるべき交差線ｉｈと、その後方のｌｍまでの長さを一線上にとり、それを下の水平線の上方におく〔図6の上の水平線〕。基礎下部の線上の点ｈから上に引かれた垂線と上の水平線との交点をｈとする。上の水平線ｉｈｌｍは下の水平線ｉｈｌｍと平行つまり同じ距離を保つ。ｉとｉを通り、垂線ｈｈに至る直線を引く。その交点をｏとする。定規の一方の端を点ｏに当てたまま、別の端を基礎下部の水平線ｉｈ上の全ての点に当てて、それら全ての点から点ｏに向けて、上の平行線ｉｈまで直線を引く。それにより上の線ｉｈは下の線ｉｈに対してそれと相似的に区切られる。こうして基礎上部における全ての壁とそれらの間の空間は、基礎下部のそれより縮小された形で正確に規定される。次に定規を2つの端ｌｍとｌｍに当てながら、線を線ｏｈまで引く。その交点をｐとする。定規のある箇所を点ｐに当てながら、定規の別の端を基礎下部のｈとｌｍ間の全ての点に当てる。それら全ての点から点ｐに向けて、上の水平線ｈｌｍまで直線を引く。そうすれば上の水平線は下の水平線と相似的に分けられ、上の線の各部分は正しい尺度で下の線の各部分より縮小される。上の線ｉｈｌｍを取り、基礎上部の全ての点とともにそれを平面図の交差線に移す。ｈをｈにｉをｉにおき、点ｌｍを定める。コンパスで点ｋを中心に、稜堡の全ての円形の壁を示す円弧を描く。こうして基礎上部内の全ての領域の広さが見いだされる。上記の点ｌｍから真っ直ぐな壁の線を引く。上記の点から真っ直ぐな城壁の線を引く。こうして基礎上部は〔基礎下部よりも〕縮小され、壁は正確に区分される。以上のことがより一層理解されるために、縮小のための図を次に示す。

第一章　稜堡の建築

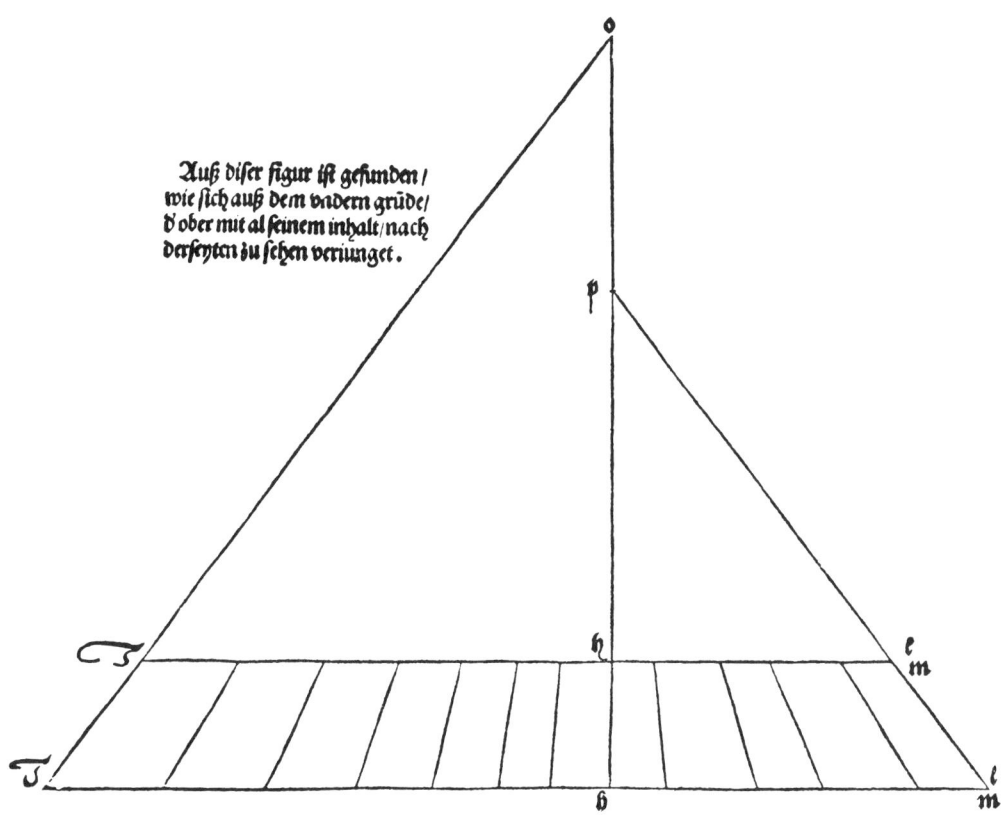

〔図6：縮小のための構成図：テキストの説明文：「基礎下部がその全ての内容とともに正確に縮小されて基礎上部に移されるための図」〕

　側面からみた〔図2においてcからemの方をみた〕基礎上部の、これらの壁とそれらの間の空間は以上のように秩序正しく〔基礎下部よりも〕縮小された。それと同様に基礎の長さに応じて〔図2においてgからdeの方をみて〕、それらは縮小されなければならない。基礎下部の長さを示す線ｄｈｅを引く〔図7の下の水平線〕。基礎下部の後部長方形における交差する控壁の全ての厚さとそれらの間の空間の広さを、線ｄｈｅに記す。線ｄｅの中点ｈから垂線を立て、上方の点をｋとする。基礎上部の長さを示す線ｄｈｅを引く〔図7の上の水平線〕。その際、その中点ｈが今引かれた線ｈｋ上にあるように、またこの線が点で区切られた下の線と平行になるように、つまりこの線が下の線と同じ距離を保つように引く。ｄｄとｅｅという2つの直線を線ｈｋまで引く。その交点をＡとする。下の線上の全ての点から直線を点Ａに向けて、上の線ｄｅまで引く。こうして〔下の線より〕短い上の線は、下の線の全ての点によって〔下の線と〕相似的に区切られる。これらの区切られた部分を基礎上部の平面図に移す。またこれと同様に、後部の横長の長方形内部を、交差する壁の厚さとそれらの間の空間の広さに応じて区切る。稜堡内部の円形壁の間にある控壁についても前と同様に区切る。後部は前部より縮小される。円形壁の最外部の内側にある控壁は、〔図7で〕縮小された厚さにする。控壁の側面を点ｋに向ければ、控壁は正しく細小化される。間にある薄い控壁を、後部長方形の薄い控壁と同じ厚さにする。〔図8において〕

9

第一部　邦訳

都市側に面するこの後部建築物のすぐ上に、私が記すことに留意しなさい。以上のことは全て次の2図で示される。

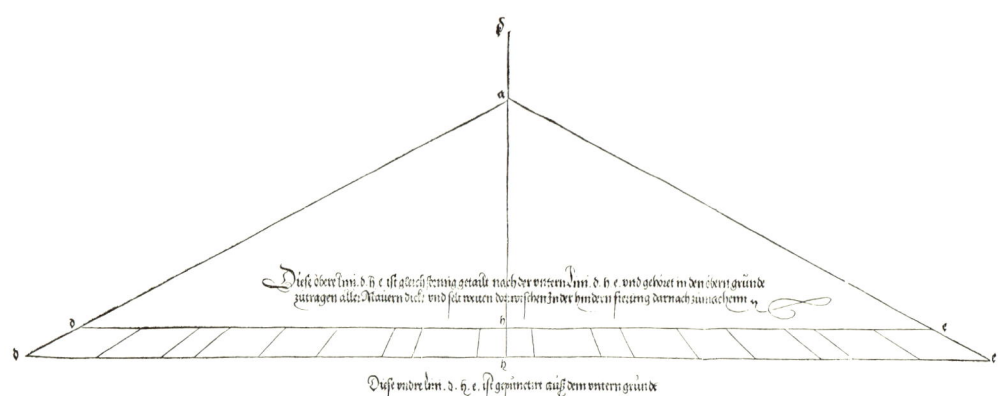

〔図7：縮小化のための構成図：テキストの説明文：「この上の線ｄｈｅは下の線ｄｈｅと相似的に区切られる。上の線は基礎上部のためのもので、全ての壁の厚さとその間の空間は、上の線の区切りに従って、〔基礎上部の平面図に〕移される。後部長方形についても同様になされる。下の線ｄｈｅは基礎下部から移された区切りを示す。」〕

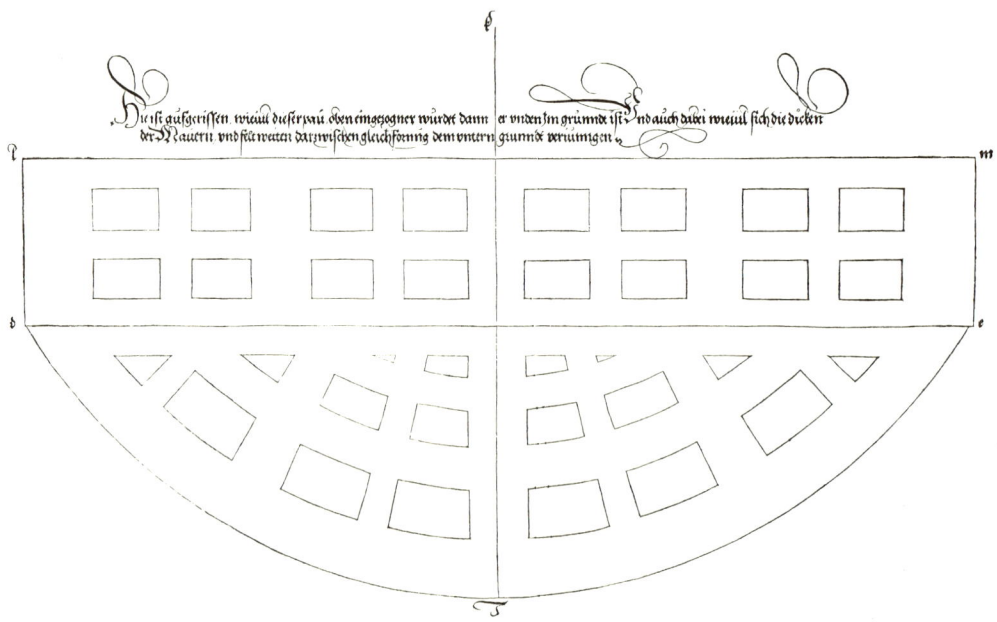

〔図8：稜堡の基礎上部：テキストの説明文：「この図は、この〔基礎上部の〕建築物が基礎下部よりどの程度引っ込んでいるのか、また壁の厚さとそれらの間の空間が基礎下部に較べてどの程度縮小しているのかを示す。」〕

5．砲撃を防御するためのプラットフォームの施設

こうして基礎が完成されたので、大砲を据える挟間の形態を確定するために、円形基礎上部の

10

外枠を新たに描き、そこに前述の文字を記す。強力な大砲用の砲眼ないし挟間を、円形壁最外部に一様に配置する。〔円形壁〕中央の点ｉに最初の挟間を作る。ｄｉとｉｅの間に６つの大砲用挟間を配置する。全ての挟間から点ｋに向けて通路〔方向線〕を描く。挟間と挟間との間の壁は、人がその背後に身体を隠せるほど、厚くなければならない。挟間間の壁の厚さが大砲の強力さに耐えるほど十分に強くないと見られれば、大砲を稜堡内の更に後ろにさげて据えればよい。というのも、後に断面図に示されるように、大砲のために壁が厚くされる必要は全くないからである。大砲を前に動かし、砲口を壁の前に突き出すため、挟間と挟間の間では胸壁の厚さを僅か３シューにする。そうすれば砲弾は硝煙のため軌道から逸れることはない。挟間の内側にある砲口から発射されれば、どの壁も砲口の間近にあるので、硝煙のため砲弾を見当違いの方向に発射することになりかねない。そうすれば確実な砲撃はなされない。薄い胸壁が終わるこの線上では、大砲用挟間の幅は７シューであるが、その前方の幅は10シューである。〔挟間の〕両隅は丸みをつけられる。大砲を両側に動かすことができるように、挟間内は少なくとも20シューの広さにする。

　円形壁の各々の端に、筒の長い小さな野砲のために、内側の広さ２シュー、外側の広さ10シューの小さな挟間を設ける。それらのｄとｅ側の壁を点ｋに向ける。ｌｄとｍｅ間の長方形壁の各々の〔短い方の〕側面に、円形壁前部に作られた主力大砲と同規模の大砲用挟間を作る。ｌｍ間の線ｋｈ上にある真っ直ぐな壁の後部中央に、円形壁前部の点ｉに造られた主力大砲用と同規模の大砲用挟間を造る。こうして稜堡後部の長方形壁に、３つの主力大砲が備えられることになる。後方の長方形壁は前方の円形壁より狭いので、大砲用挟間の内側を〔前方壁の20シューに対して〕15シューの広さにする。

　〔長方形壁後部中央の〕大きな挟間の各々の側に、小さな大砲用挟間を作る。挟間と挟間の間の距離はそれぞれ22シューである。そこに筒の長い野砲が据えられる。これらの挟間は前方が３シュー、後方が11シューの広さに作られる。挟間と挟間の間の胸壁の厚さを３シューにする。大砲を挟間から外して胸壁の前におく必要がある場合には、挟間を手の厚さほどの板で覆う。それらの板がこのように置かれれば、大砲が再び挟間に据えられるとき、それらは上に跳ね上げられるが、挟間はもとのままに維持される。これについての準備の仕方、また大砲に覆いを付ける仕方については、後に私が建築物について記述する際に示そう。

　この建築物では大砲用挟間を作らず、胸壁を人の帯に達する高さで、稜堡の周囲全体に繞らす方が良いように思われる。壁の厚さをそのままにして、壁の外側に丸みをつければ、砲弾が壁に当たっても壁に入り込まず、砲弾をはね返すからである。それには円形壁より直線の壁の方が適合する。ともかくも君主はそれぞれ気に入る方を選べばよい。このような開けた稜堡では大砲を思う方向に動かすことができる。もしできれば、正方形か三角形の形をした、車付きの大砲用の天蓋が作られるならば、その方が望ましい。そうすれば大砲は後方にも前方にも側方にも人が思う方向に、容易にかつ速やかに向きを変えることができる。また敵方の砲撃に対して、この稜堡の相応しい場所に深さ４シューの、有壁で階段付きの壕を造ることができる。あるいは土嚢を築

11

第一部　邦訳

き、他の防御物を用いることも考えられる。経験を積んだ兵士たちは日々それらについて新たな工夫をこらしている。ただ注意しなければならないことは、砲弾がそれらに当たったとき、それらが破砕されて、その周囲にいる人が傷つけられないようにすることである。

次にこの建築物の上部両側に、正方形の階段を描く。これらの階段と両端1ｍ間にそれぞれ、筒の長い野砲のための3つの挟間を真っ直ぐな壁に設ける。挟間の全ての形は階段の直ぐ傍にある挟間と同様に造られる。挟間と挟間の間に階段がそれぞれ1つずつあるように、挟間を設ける。いま造られた挟間と挟間の間は、階段からそれに最も近い挟間までの長さに等しくなるように、距離がとられる。このように両側にある挟間と挟間の距離は相互に等しい。

常に敵軍に抵抗し、敵兵が近づいてきても、武力で彼らを撃退することができるように、この稜堡を大砲以外にも軽砲や火縄銃によってしっかりと防御しなければならない。この稜堡には遠距離まで砲弾が達するように、10門の強力な大砲〔40ポンド砲〕と10門の筒の長い野砲が備えられる。以上のように防御のためのあらゆる設備が要塞に整っていて、しかも人が勢いよく防御することができないとすれば、人が他にできることはそう多くはないであろう。

この稜堡上の全ての大砲用挟間に、1から20までの数字が記される。それによりどの大砲〔なり野砲〕が数字の付いたどの挟間に設置されるかが確認される。挟間が作られない場合、自由に動き回る人たちにはその方がよいが、数字を付ける必要はない。挟間に関する最初の提案を次図に示した。

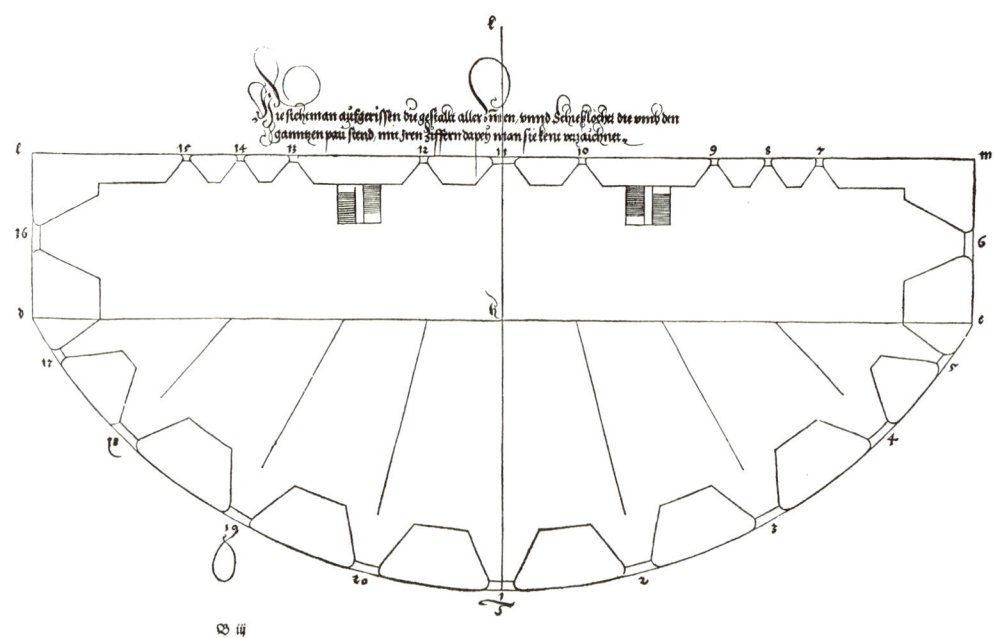

〔図9：砲台と階段付きの稜堡のプラットフォーム：テキストの説明文：「建築物全体の全ての鋸壁と砲眼の形態が、この図に描かれているのが見られる。それらは付された数字で区別される」〕

12

6．稜堡立面図の作成と断面図の記述

　この稜堡基礎の平面図が示されたので、それから建築物の立面図が起こされなければならない。初めに〔線deとの〕交差線ihk上の側面図〔断面図〕を起こす。基礎下部のための線を定める。その際、曲壁と直壁の厚さ、およびそれらの間の広さを示すその全ての点を、それに属する文字とともに〔線ihk上に〕記す。iは前方、hは中央、1点となるlmは後方である。点hから直角に長さ70シューの垂線を上に引く。そこにAと記す。そこが建築物の最も高い処である。壕が深いだけに、この建築物はそれだけ高くなければならない。またそこのどこからでも射撃や砲撃ができるように、建築物は都市の壁より高くされなければならない。但し、このような稜堡がこれよりも高くあるいは低くされなければならない状況もあり得る。基礎下部の長い線から上記の線ihlmが描かれたように、基礎上部から線ihlmをその全ての点とともにとる。その線を点hとともに、点Aで直角になるように、水平に引く。基礎下部の水平線の全ての点から直線を、iからiまで、hからhまで、lmからlmまでというように、基礎上部の水平線の全ての点まで引く。このようにすれば、壁の厚さと壁と壁の間の広さ、およびそれらが下から上にいくにつれてどのように縮小するかが見いだされる。

　側面からみた断面図において、石材が建築物の中心線に対して直角におかれるようにするため、中央の壁deにおけるように、石材は傾斜する壁に直角になるよう加工されなければならない。それ故建築の際、壁の多少の傾き具合に応じながら、石材は全て傾斜面に直角におかれなければならない。こうすれば全ての石材は中央の壁deに斜め下向きに向かい合うようにされる。これは〔敵方の〕大砲〔を防御する〕には有効である。このような状態で砲弾が壁を壊すことはないからである。前方の円形壁では、石材が〔壁hiと〕交差する控壁とともに円形部を精確に形成するように、石材は点kに向けて加工される。これらの石材は他の石材と精密に絡み合って一体とならなければならない。腕のよい石工はその技術によく通じている。それ故それについては記さない。

　挟間を作ろうと思えば、その高さを9シューにしなければならない。この建築物のプラットフォームを幅のある舗石で覆いその上に砂を撒けば、プラットフォームは砲撃をうけてもそれほど振動しないであろう。樫の正方形の角材で稜堡を1シュー間隔で覆い、その上に頑丈な床を張れば、その方がいっそうよい。床は全て水平でなければならない。というのも大砲の砲架車が同じ高さの床上になければ、そこから正確に砲撃をなすことができないからである。またそうでなければ砲架車が大砲を担うこともできない。この床工事ではおよそ2シューの高さがとられる。〔その上に造られる〕挟間の高さは7シューである。その後ろにいれば、人が直立しても安全に守られる。

　挟間は次のようにして作られる。稜堡前部の円形壁の内側の線を9シュー上に延ばす。その点をzとする。水平線ih上の、iの後方19シューのところに点を定める。この点を直線で点zと結ぶ。この直線が挟間の内側の傾斜面を規定する。それは壕側で支えられ、固定される。〔縮尺

13

第一部　邦訳

された意味で〕19シューの長さでコンパスを広げ、一方の脚を点zに、他方の脚を傾斜壁の内側の線上の点におく。その点をxとする。点xでコンパスを固定し、点zからiの方に円を描く〔この線形が点iに向けての挟間の円弧形を示す〕。円弧形の円みを抑えるために、挟間を2シュー低く作ろうと思えば、そうすることもできる。その際中点xの位置を変える。以上は素描に示される。前述のように挟間の前面を〔コンパスで円弧状に描くのではなく〕定規で完全に平らにしようと思えば、そうすることもできる。空の下で挟間を防御するものがない状態で自分の身を守ろうと思う人がいれば、誰でもそうすることができる。しかし胸壁がその基部では少なくとも23シューの厚さがあること、および胸壁が内側に傾斜していることが必要である。壁が完全に平らにされていれば、砲弾が壁に当たっても、前述のように砲弾は壁から跳ね返される。この建築物はこのように建てられる。更に言えば、点zの尖った角に小円で円みをつければ、もっとよい。胸壁は挟間と挟間の間で3シューの高さにする。そうすれば胸壁はほぼ人の腰の高さになる。胸壁の前面は、砲弾を跳ね返すために円みを付けられるか直線で平らにされる。平面図の説明で示されたように、挟間と挟間の間の胸壁には3シューの厚さがなければならない。また大砲の上にある覆いのために、その覆いを支える壁が胸壁の背後になければならない。それ故、胸壁下部は4シューの厚さが必要である。

7．前項の続き、大砲の覆いに関する記述

　ところで話を先に進める前に、人は覆いの作り方を学んでおかなけれならない。最初に長さ20シュー、あるいはそれ以上か以下の、必要な長さの頑丈な木材を用意する。木材の上部を円くして、横に並べて一つの覆いにする。その際、木材相互の接触を防ぎ、各々の木材をそれだけで動かせるようにする。挟間と同じ広さになるまで木材を並べる。並べるときに、それらの木材が全く自由に動かされるように、どの側面においてもそれらが接触しないようにする。それらが跳ね上がり壁に触れないようにするため、胸壁の傾斜面の重厚な部分でそれらの前部を抑える。一つあるいはそれ以上の木材が相互に当たったり触れたりすると、それらは大波のようにすぐにも跳ね上がり、動き出すからである。それ故、覆いをなす木材全体を一緒に、また各木材を特別それだけ動かせるように、覆いを作る。覆いをなす木材の前部が、胸壁の高さよりも少し低めになるように設定する。それは砲撃の際に、その衝撃が大砲の接する壁の傾斜面に最初に伝わり、次に初めて衝撃が覆いに伝わるようにするためである。そうすれば覆いはそれだけ衝撃で傷つかないことになる。覆いを次のように取り付ける。挟間と挟間の間で覆いを必要とする場所に横向きに、しかも人の頭に触れない高処に、頑丈な丸い梁を鉄で打ち付ける。この丸い梁に、覆いの木材を鉄で打ち付ける。覆いの木材を動かし易い鉄の環で囲む。鉄の環を使用する時には、摩擦を軽減するためそれに油を塗る。この丸い梁は様々な仕方で取り付けられるが、覆いの木材が開き易く、また直ぐにもそれで挟間を閉ざせるようにできるものが最善である。

　だが丸い梁も覆いの木材も、上に跳ね上げられる際に壊されないように、また誰かがそれらに当たって傷つかないように、覆いがのる丸い梁と同じ高さの処に、木材後部のための頑丈な支え

14

を作る。覆いがあちこちと思い通りに動くように、この覆いを作ることもできる。また同様に、手の厚さほどの細い木材の並べられた板を、狭い挟間の上に使用することもできる。それ故この覆いが適切に作られれば、多くの被害が防がれるであろう。このような覆いは、挟間が作られない稜堡にも用いられる。

　小型砲と小銃で銃撃できるように、挟間の後ろに小階段を設ける。円形壁の挟間だけでなく側壁と後壁も、壁の厚さに応じて様々な仕方で傾斜その他の工夫がなされる。以上で稜堡上部のプラットフォームは完成される。

8．前項の続き、砲台とその他の施設の目的、トンネル型天井の厚さ、硝煙の排出等

　稜堡下部にも別の砲台が作られる必要があるので、次にそれについて記す。全体が塁壁で防御され、上部にのみ砲台のある稜堡が遠くからの攻撃を防御するのに役立つにも拘わらず、敵軍は直ぐにも堡塁を作り、壕に至る。それに対して今述べた〔稜堡上部にのみ砲台のある〕稜堡は役に立たないだけでなく、はっきりと被害をもたらす。稜堡の前方の敵軍に対して砲台が使用できないからである。それ故、稜堡下部にも防御のために次のような仕方で砲台を作る。最初に前の二つの円形壁間に、壕底からそう遠くない低い方の砲台に通じる通路を地上に設ける。この通路を次のように作る。稜堡前部の二番目の円形壁内の隅に高さ10シューの垂線を基礎下部から上方に引く。この線の頂点から直角に前方の曲壁に向かって水平線を引く。壁上の水平線と壁との交点から垂線を基礎下部まで引く。するとこの通路はほぼ15シューの広さになる。次に基礎下部における水平線の中央にコンパスの一方の脚をおき、他方の脚で通路の一方の垂直側辺から他方の垂直側辺まで円弧を描く。このようにして通路の高さは12シュー以上になる。この通路にトンネル型の天井が架けられ、それが稜堡のなかを続る。控壁の処で通路の高さは9シューに広さは7シューにされる。この大きさがあれば、人は大砲とともに通路を通り抜けることができる。

　このトンネル型天井は、長い三重の相互にかみ合わせられた厚さ9シューの角石や煉瓦と繋がれる。というのもその上にのる全体の重量をトンネル型の天井が支えなければならないからである。控壁のなかにあるトンネル型天井をより頑丈にするには、長い角石でそれをなせばよい。この建築物の下部に使用される全てのトンネル型天井のアーチは、その厚さが9シュー以下であってはならない。というのもその上の大砲による振動も敵軍の砲撃も甚だ強烈であるからである。砲台のトンネル型天井を通路のそれと堅固に結ぶ。あるいは砲台の背後の通路に、高い交差天井を造る。これを極めて堅固に終結させ、それをこの位置で壁〔迫台〕のなかに深く突出させる。その際、砲台のトンネル型天井が後方の壁に入り込むように注意する。その前部を高さ20シューにし、その後方を石の傾斜に応じて低くする。

　砲撃に際して、硝煙の上り道に煙突と、その下に通風孔を作ることが必要である。それらがなければ、人はトンネル型天井の下に留まることができない。トンネル型天井には煙突を含めて十分な広さがなければならない。この通風孔と煙突はそれぞれ4シューの大きさで円形に作られる。

通風孔はトンネル型天井の直ぐ下に作られ、前の壁を貫通する。井戸が壁付けされるように、煙突も円筒状に壁付けされ、必要なだけ高くされる。硝煙の出口は強固に防御され、排煙孔に格子が付けられる。

砲台の大きさと形態については、基礎下部の平面図を再び取り上げるときに示そう。

9．階段と連絡通路の設置、壁と壁の間の空間の充填

この建築物内の階段を次のように、目的に適うように作る。

階段の状態と大きさは稜堡の高さに必然的に関連するので、人が最初に注意すべきは、都市の土地がかなり隆起していれば、稜堡は少なくとも28か29シュー以上の高さがなければならない、ということである。その一方で稜堡の高さは、壕底から重要で必要な高さを考慮して決められなければならない。私はここで例として70シューを呈示する。但しその高さがあらゆる場所で用いられなければならないわけではない。高さはそれぞれの必要に応じて考量される。

都市の舗装された地面が前述のように稜堡に対して高い場合には、都市側の2つの直っすぐな壁の間に、上下に通じる2つの折階段が必要である。階段の高さは約14シューであり、それぞれ20の段がある。稜堡の2つの直っすぐな壁の間に、都市側の高い地面から稜堡の壁まで通じる高さ9シュー広さ5シューの、堅固なトンネル型天井付き通路を造る。そこから下の砲台まで通じる折階段をそれぞれ3つ、各々の側に造る。各階段の高さは12.5シューであり、各階段に18の段がある。階段の勾配を緩和しようと思えば、段を増やせばよい。あるいは通路の階段を隅に至るまで徐々に下げる。隅の踊り場を一辺5シューの正方形に作る。そこで階段の向きを変え、前の曲壁の方に降ろす。そこの中央で階段を中断し、次の階段が始まる前に、前同様に5シュー平方の踊り場をそこに作る。人が足を踏み外したとき、人が下に落ちないためである。ここの階段も通路の幅に合わせて、5シューの広さにする。次の平面図にそれは示される。

前述のように、この階段を全て頑丈なトンネル型天井で覆う。階段がのる天井アーチの下を全て充填する。空隙を残してはならない。

都市側から稜堡に入る通路の入口では、階段の幅を3シューにする。そこで両側の通路に行けるようにするためである。荷馬車を稜堡に入れるために、階段の位置をずらすこともできる。入口から稜堡頂部までの高さを、水平線で二等分する。この水平線の下で、入口から上に通じる階段の横に、厚さ2シュー幅7シューの頑丈なアーチを、一方の壁から他方の壁まで架ける。アーチの高い部分は都市側の最外壁に向かって架けられる。アーチの低い部分は傾斜する壁を迫台にする。こうしてアーチは傾斜する両壁の間にしっかりと固定される。その後アーチの壁付けをする。このアーチを架けるため、入り口のある2つの傾斜壁間を4点で5等分する。傾斜壁の都市側の点をa点と記す。コンパスの一方の脚をa点におき、a点から上記水平線までの距離を半径として、他方の脚で上述のアーチを描く。次に上下に重なる2つの階段を描く。下の階段を入り口の傍の最下点から始めて、アーチの充填部が傾斜内壁と角をなす点まで描く。次に上の階段を同じ平面の反対の点から上のプラットフォームまで描く。そうすれば上の階段は下の階段の上にく

第一章　稜堡の建築

るとともに、その横にも繋がる。

　2つの階段の各々の下に、階段を支える大きいアーチと小さいアーチを作る。それらのアーチは中央の柱で支えられる。手製品が置かれるように、アーチの下を開口のままにする。階段から階段に自由に行き来できるように、下の階段の端から上の階段の始まりまで、通路として2シューの幅を開けることが必要である。その通路の幅をより広くしようと思えば、階段のアーチを相互にもっと離さなければならない。

　階段の全ての段を5シューの長さにする。階段の横の空間は完全に壁付けされ、充填される。

　稜堡全体の下部は深い処にあるので、人は基礎下部から上にのぼらなければならない。人がこの稜堡内を自由に上下に移動できるように、稜堡上部について記されたのと同様の仕方で、上部階段の下にも3つのアーチと階段を作らなければならない。外壁に円い穴を開けることで、各階段に採光がなされる。そこに格子を嵌める。壁の開口部に鉄で鎧戸を打ち付ける。この鎧戸は開閉可能である。

　建築物を建てる一方で、壁と壁の間の隙間を充填することについても考えなければならない。幾つかの塁壁は土で充填される。しかしこのような立派な建築物には、角石が切られる際に生じた大小の石と野原の石が最も適している。角石が砕かれてできた砂利を石灰水で丁寧にかき混ぜた後、これらを隙間に流し込む。充填物を慎重に隙間に流し込み、可能な限り隙間がないようにする。こうすればこれらの充填物は次第に石のように固まる。稜堡の両側に繋がる都市壁は、稜堡上部のプラットフォームより少し低めでなければならない。というのも前述のように、人が〔プラットフォーム上の〕どこからでも見渡し砲撃できるようにするためである。以上のことは次図に示される。

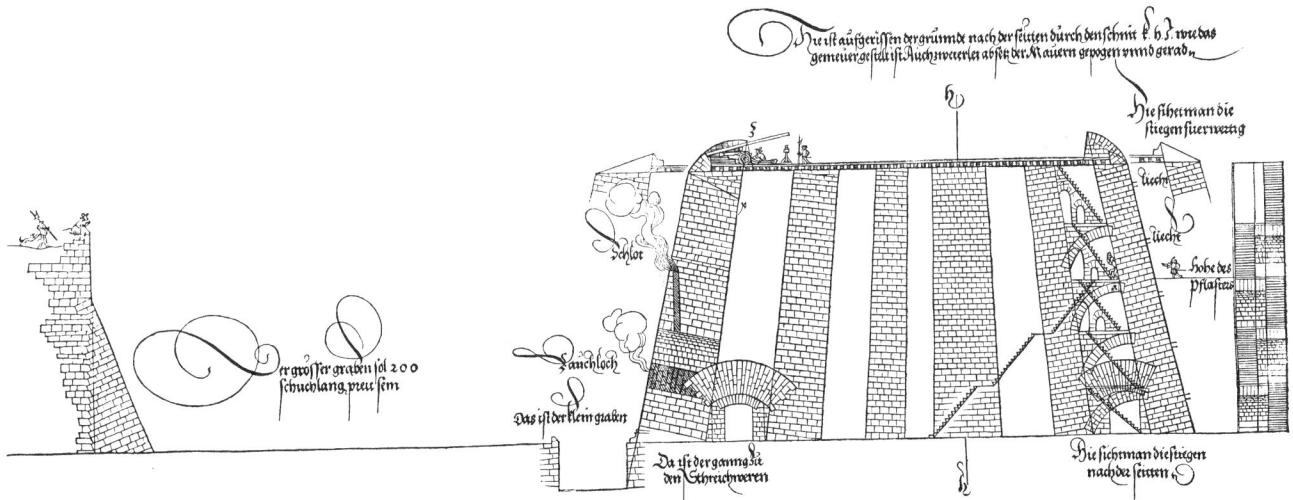

〔図10：稜堡の一種。二重の壕と稜堡の断面図。砲台への通路。通風孔と煙突。階段。：テキストの説明文：「k. h. i. の線上における基礎壁の断面図がここに描かれる。曲壁と直壁の二種の壁断面。ここに階段の正面図が見られる。舗装された床の高さ。ここに階段の側面図が見られる。これは砲台への通路である。煙突。排煙孔。これは小さな壕である。この大きな壕の幅は200シューの長さである。」〕

17

第一部　邦訳

10. 基礎下部の説明，特に砲台の設置

　ここで基礎の平面図の話に戻る。先ず都市から稜堡に通じる扉付きの入口の位置を決める。これら2つの扉口を，khiの厚い壁の両側にある2つの細い控壁に近い外側に設ける。これらの扉口の高さを8シュー，広さを5シューとする。これらの扉口はそれぞれ跳ね橋の架けられた壕で守られる。

　すでにみたように，階段が稜堡の上にまで通じるには，深い処にある基礎下部からと，都市側の舗装された地面の高さからの，二通りの仕方がある。これら二通りの階段の各々の側において，扉口から広さ5シュー高さ8シューの通路を，壁の隅まで通す。その隅から横の階段が砲台まで降ろされる。また守備兵に十分な空間を与えるために，砲台への通路をかなり広くとる。採光のためこの通路に開口部をできるだけ多く設ける。

　階段は次の仕方でも目的に適うように設けられる。真っ直ぐな通路の端で階段を13シュー下に降ろす。前に基礎の立面図で述べたように，そこに5シュー平方の踊り場を作る。階段をもう一度13シュー下に降ろし，前と同じ大きさの踊り場を作る。更にそこから円形壁の始まりまで階段を下げる。それらの大きさは上記の指示と同じである。つまり通路も段も5シューの幅である。

　都市に通じる秘密の強固なトンネル型天井付きの地下通路が稜堡に必要である。その入口を隠すために，入口は家屋で覆われる。

　君主が必要とする財宝やその他の必需品のための秘密の保管場所を，この稜堡の壁と壁の間に設けることもできる。それへの通路の広さは3シューで，それ以上であってはならない。この通路は次図の基礎プランにおいて点線で示される。また壁と壁の間の空間全体をトンネル型天井が占める。トンネル型天井の位置は基礎プランに小十字で記される。

　最前部の円形壁における交差控壁の間に，その幅が今述べた壁と壁の間隔によって与えられる8つのトンネル型天井を作る。最前部の円形壁を2つの円弧によって尖頭アーチのような形状にする。それ故尖頭部は壕に向けられる。それでも尖頭部の壁は2シューの厚さを保つ。

　こうして大砲の相違に応じて挟間を大小に限界づけ，外側の鋭角に円みをつける。そうすれば大砲を両側に向けることができる。その内側にそれだけの広さがあるからである。挟間の内側はトンネル型天井風に円く境界づけられ，挟間の周囲は井戸のように円く壁付けされなければならない。壁が大きな耐久力を維持するためである。大きな大砲の挟間は大きく作られなければならないので，鉄で打ち付けられ鉄の輪で締められた太い木材の鎧戸をそれに取り付けることができる。それによって小型砲の挟間を設けることができる。大きな大砲を使用する際にはそれを外しさえすればよい。

　次の図には，砲台の上に架けられるトンネル型天井が描かれる。同様に図10の断面図に，砲台における排煙口の位置が示される。

　最前壁の柱脚は前述のように小さな壕に囲まれるが，その内側の土止め擁壁は次のようにして作られる。最初に稜堡前面の傾斜壁の最外線を，点iから12シュー下方斜めに延長する。この点

から再び垂線を12シュー上方に引く。そうすれば、その線は内岸となり、それは高さ3シューの蛇腹によって円形壁と結ばれる。

11. この稜堡の外観：トンネル型天井のない稜堡上部、上に開かれた砲台のある別の稜堡上部

　基礎下部の記述を終えたので、建築物を前面からみてみよう。

　挟間の両端とその中央に、上に板をおくことのできる、立派で強固なコンソールを取り付けることが必要である。建てたり改良したりするものがあるときに、その上にのるためである。

　敵の大砲から稜堡の上端部を防御するために、種々のことが考えられる。ある人たちはそこを厚い床板で補強する。そうすれば砲弾が当たっても跳ね返されるので、上端部は毀されない。その際厚い床板は鉄の輪にかけられる。他の人たちは濡れた敷物を二重にして、それらを1歩幅の間隔で縦に並べて掛け、あるいは濡れた干し草や綱を厚くよじって、このようなものを作る。また別の人たちは布を稜堡の周りに広げ、それらに稜堡の壁に似た石色を塗って、敵の目を欺いたりする。あるいは羊毛が詰められ水で湿された大きな袋を、上端部の前に垂らすこともできる。

　射撃手たちが撃たれる前に相手によく弾を命中させ、近づいてきた敵兵を火砲で撃退するには、彼らが自由に動き回れることが大事だと、私は考える。兵士たちはこのようなあるいはこれと似たことも、また他の手段より策略を用いることで一層敵に損害を与えることも、よく知っている。人がつねにそれについて考え、男らしくひるまずにいることが肝要である。戦争では驚愕と恐怖が、収めるはずの勝利を全て奪ってしまう。多くの犬から追いかけられる一匹の犬を見て、人はそれに気づく。なぜならその犬が逃げると、他の犬は全てそのあとを追う。だがその犬が逃げ切れなくなり、身を守るため真剣に身構えるとき、他の犬たちは全て立ち止まる。それらの犬が走り去って戻らなければ、追われていた犬は無理してでもそれらの犬を振り切ることができる。それでもその犬が身を守らなければ、そのときその犬は他の犬たちによって噛み殺されるであろう。

　稜堡下部にトンネル型天井が架けられるのに対して、稜堡上部は撤去され易い軽いこけら葺きか瓦の屋根で覆われなければならない。というのも稜堡上部が屋根で覆われていなければ、稜堡下部のトンネル型天井と通路は雨と雪による湿気で次第に破損するからである。そうなれば稜堡下部は最上部をもはや支えることができなくなる。

　もし人が望むならば、前述のように、このような稜堡を外壁で囲み、稜堡と外壁の間に土を埋めて、そこにトンネル型天井を一切架けない、ということもできる。建物もそこに作らない。そうすれば多くを節約することができる。壕の近くにある砲台には、都市壁の一方の側から他方の側まで、高さ23シュー、厚さ4シューの垂直の壁が、稜堡から30シューの間隔で続らされなければならない。この壁から隔壁が点kに向かって稜堡まで造られるが、その際大砲が稜堡をめぐることができるように、隔壁には広い出入口がついていなければならない。更に砲台に至る出入口が稜堡に作られなければならない。このように調えられた稜堡もその砲台も上を覆う必要はない。ただ砲台については地面から13シューの高さの処で、木製の頑丈な格子を上部にとり付ける

19

第一部　邦訳

必要がある。稜堡の方はつねに上を覆わずにおく。

　私が上述したような下の砲台を費用の面で君主が設置することを望まない場合、君主は任意の広さで砲台を井戸のように円形状に築くこともできる。その際には、大砲をのせることができ、また排煙口も十分に確保される頑丈な格子で、その上方を覆わなければならない。

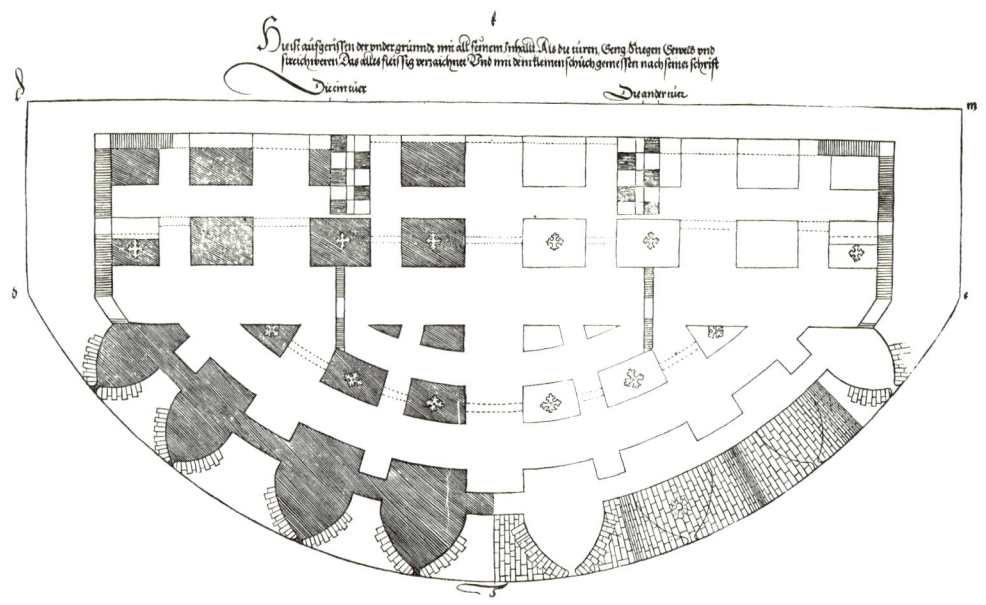

〔図11：稜堡の一種。平面図。半分は平面の断面図。砲台、秘密の部屋、通路および階段もそこに描かれる。：テキストの説明文：「ここには門、通路、階段、トンネル型天井および砲台等の全てを備えた基礎下部の平面図が描かれる。全ては精密に描かれ、記述に従って小さなシューで測られる。一方の扉口。他方の扉口。」〕

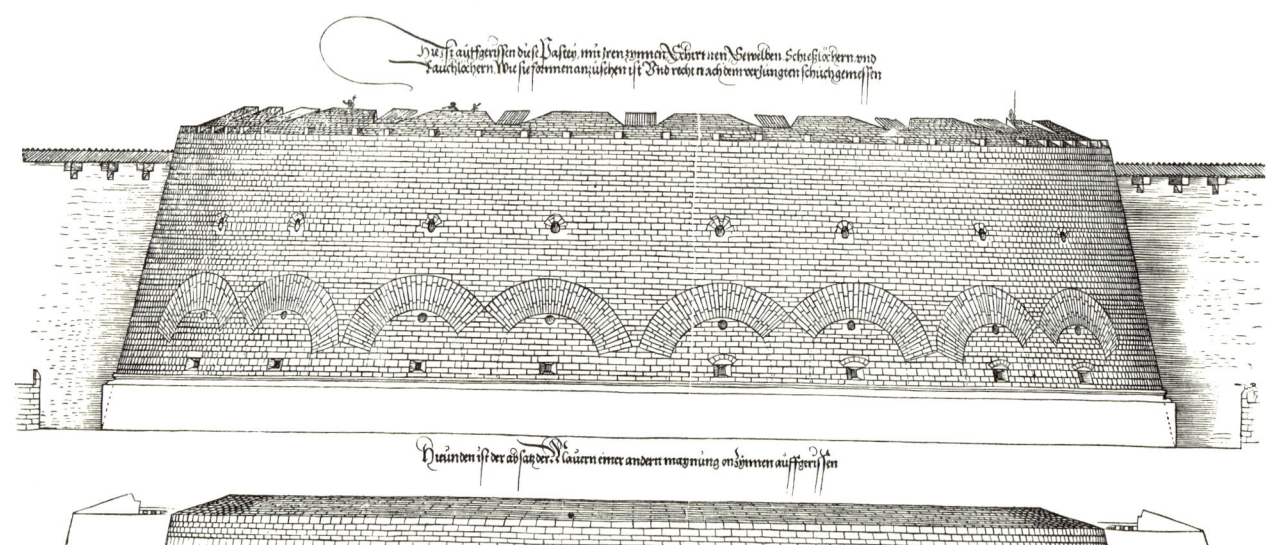

〔図12：稜堡の一種。正面図。壁体上部のヴァリエーション。：テキストの説明文：「ここには鋸壁、屋根、トンネル型天井、銃眼および煙口の備わった稜堡が描かれる。正面の外観とシューの縮小の状態が正しい形でみられる。下の図は別の意見による鋸壁のない壁の傾斜面である。」〕

20

12. 稜堡建築に関する別の提案

次に私は稜堡を建築する別の方法を示す。

最初に、稜堡の設置される都市壁のなす角度の先端をAとし、平面図に都市壁を転写する。次にコンパスの一方の脚をAにおく。コンパスの他方の脚で壕の方にBまで半径200シューの円弧を描く。こうして稜堡の境界が示される。この円弧の周囲に、広さ250シュー、深さ50シューの壕が稜堡の前に造られる。壕の内岸に壁が築かれる。しかし都市壁の前では、壕に内壁は築かれない。稜堡前部のこの円形壁の厚さは壕の下部で15シュー、上部で10シューである。壁の内側は直角に築かれるが、下の石は水平におかれる。トンネル型天井がこれによって支えられるためである。

次にAの両側後方の半円形壁から同じ厚さの壁を、都市壁を貫いて200シューの長さで造る。この稜堡が壁で囲まれるように、一方の端から他方の端まで、必要とする厚さで水平の壁を造る。この水平の壁の中央をCとする。

次に点Aから別の垂直の半円形の壁が、厚さ10シュー、広さ150シューで描かれる。この壁の背後に必要な高さで控壁を設ける。これによりこの壁はトンネル型天井を支えるのに十分なほど強固になる。こうしてこの2つの壁の間に、砲台に必要な空間が得られる。この半円形の両壁の両端からそれぞれ、真っ直ぐな壁が同じ厚さで都市壁まで造られる。

最後方の水平壁の両端に、都市と繋がる2つの大きな門が設けられ、それに接続して門から地下の砲台に通じる入り口が作られる。入り口は高くて広く、トンネル型天井が架けられ、頑丈にされる。

この稜堡の前面壁の下部に、強力な大砲のための15の挟間が設けられる。大砲と大砲の間にも軽砲のための小さな挟間が作られる。都市壁の内側を水平に10のトンネル型天井で等分する。トンネル型天井を〔その平面図が〕全て正方形になるように作る。アーチとアーチの間の1側辺の長さをほぼ30シュー、アーチの厚さを4シューにする。アーチをつねに4つが十字状をなす形で架ける。十字状をなす部分を2つの厚い側壁の間に9つ作る。この2つの壁の厚さをそれぞれ30シューとし、2つの壁の間の広さを400シューにする。このような正方形のトンネル型天井を都市壁まで作る。そうすれば広い空間が得られる。

水平壁の両端に階段を設け、砲台に通じる2つの扉口をそこに作り、上を石壁の丸天井にする。こうすればトンネル型天井は何一つ破壊されることはない。人が互いに十分な距離を保てるように、階段の各段の長さを12シュー、階段中央の踊り場の幅を7シューにする。

13. この稜堡の断面図についての記述

今述べられた平面図から次のような断面図が生じる。

最初に稜堡最前部の円形壁は、壕の底部から40シューの高さの処に描かれる。そこは、壕の外側の地面より低い。都市壁の内側の水平壁も2つの側壁も、内側の円形壁と同じ高さにする。その高さは壕底から70シューである。この円形壁の厚さは外側のそれと同じにする。外側に傾斜す

るにつれて稜堡の前壁は上部が細くなる。その両側の真っ直ぐな部分は都市壁に繋がり、そこが終結部となる。この垂直円形壁の内側の稜堡は、都市壁に至るまで空いたままである。都市壁内部での稜堡の高さは地面から20シューである。その下部はトンネル型天井で強固に閉ざされ、頑丈な交差アーチで支えられる。点Aに向かい合う都市壁内側の2つの半トンネル型天井は、秘密の貯蔵庫として役に立つ。

都市壁内側のトンネル型天井のアーチは、地面にあるその中心から16シューの高さで半円形状に上に描かれる。アーチは、前述のように、幅8シューの十字状の柱から立ち上がる。トンネル型天井に壁付けは一切なされてはならない。その上部に明かり取りと通風のそれぞれ5シューの広さの円い孔口を作る。必要な時には稜堡の上からそれに覆いを被せ、その上で大砲を動かし操作できるようにする。驟雨の際に水がトンネル型天井に流れ込まないように、これらの円い孔口部は然るべく調えられなければならない。またトンネル型天井の側壁に採光用の窓と開口部が、必要なだけ十分に設けられなければならない。トンネル型天井への入り口は水平壁にある2つの扉である。前に記された階段でそこに上ることができる。このようなトンネル型天井は、稜堡に必要な全てのものを保管するのに役立つ。稜堡全体を壁で平滑にし、雨が流れ易いように輔石を上に敷く。稜堡は全体的に、都市壁の内側でも、平滑に傾斜する広さ18シューの胸壁で囲まれなければならない。それは砲弾が当たらないようにするためであり、その内側の高さは、至る処で砲撃できるように、4シューに留める。必要とあらば、ここでも前方でもトンネル型天井のアーチの間に、階段で降りられる塹壕を作ることができる。そこに入って砲弾から身を守るためである。都市壁内側の稜堡後部の築造は、以上のような整備された。都市壁外側については次のようにする。稜堡前部の2つの円形壁の間に、高さ37シュー厚さ7シューのトンネル型天井を架ける。挟間が作られる壁部分に15シューの幅で開口部を設ける。壁の強固さを損なわないため、先端が出会う2つの円弧からなるアーチをそこに設ける。このアーチの下の壁を特に強固にする必要はない。そこが砲撃されることはないからである。たとえ砲撃されても、大抵の場合よほどの重砲でもないかぎり、そこに命中することはない。また壁が厚ければ、大砲の砲身を十分に前に出すことはできない。

硝煙が排出されるために、先ず円い通風孔と斜め向きの採光孔を3シューの幅で、トンネル型天井の薄い壁に作る。内部の強固な壁の処では、井戸のように中が空洞の壁の円筒を上にあげる。それでも硝煙が十分に外に排出されなければ、トンネル型天井の広さ3シューの孔を壁の円筒で、上の挟間の後ろに突出させる。これらの開口部は、敵の砲弾が着弾しそうな処では、円筒形の覆いで被われなければならない。そうでない場合でも格子だけは開口部に付けなけれならない。必要とあれば、小さな挟間の後ろにも円い開口部を、トンネル型天井を貫いて通す。稜堡の傾斜面を前壁から高い円形壁に向けて上昇させ、その傾斜の仕方を都市壁の一方の側から他方の側まで均一に保つ。そしてトンネル型天井の上に延ばされた脚と脚の間を、完全に壁で塞ぐ。

砲台について特に注意しなければならないことは、砲台の挟間から大砲の筒先を構えるとき、誤った構え方で砲撃がなされてはならないことである。構え方を間違えれば、強烈な硝煙が後方

を襲い、人に被害を与えるからである。

　こうしてこの稜堡は整備された。更に考慮すべきことは他の人に任せよう。平滑な傾斜面はその緩やかな傾斜と強固さの故にあらゆることに耐えるであろう。その一方で後部のトンネル型天井は平和時にはその上が、すぐにも取り外される低くて軽い屋根で覆われる。

　前述したように、私の提案は以下のように図示される。先ず中央に基礎の平面図、その上に前

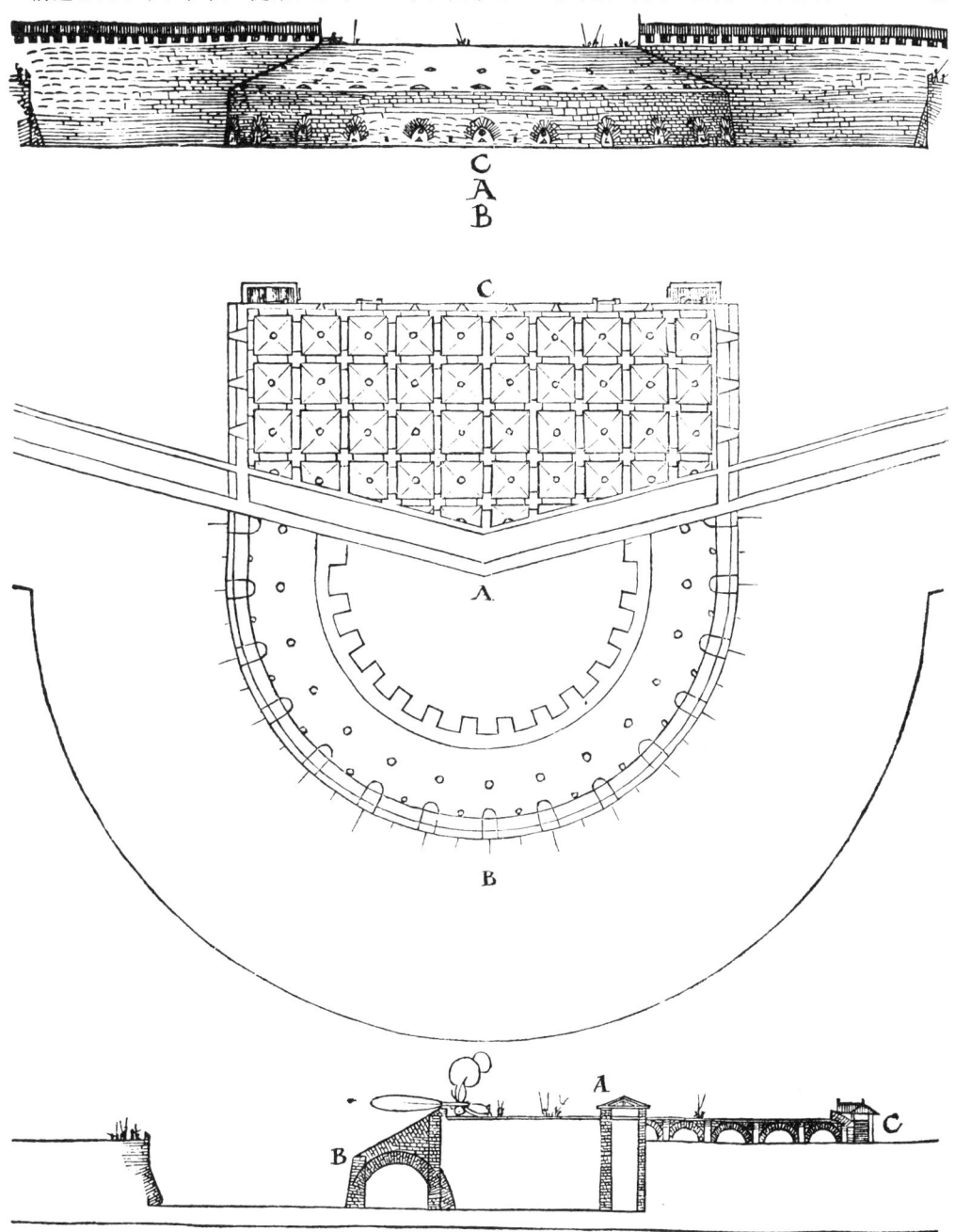

〔図13：別種の稜堡。上は前面図、中央は平面図、下は基礎のB. A. Cを通る断面図〕

第一部　邦訳

面からみられた立面図、下にＢとＡとＣを通る断面図が示される。

14．多大な資金をかけずにすむ稜堡の記述

　多大な費用を同種の建築物にかけずに済ませよう思えば、より小規模の稜堡が企てられる。それは都市壁に稜堡を繋ぐという方法である。そのために都市壁のある部分、通常隅角を利用する。この隅角は、稜堡の基礎下部の幅を規定するために、130シュー〔≒39m〕の直線ａｂで限界づけられなければならない。

　基礎下部の平面図を作成するために、次のようにする。最初に直線ａｂの中央に直交線を引く。その交点をｋとする。この線から長方形を作る。長方形の前をｄｅ、後ろをｌｍとする。線ｋが線ｄｅと交差する点をｈとする。線ｋが線ｌｍと交差する点をｎとする。ｎｈは43シュー〔≒12.9m〕の長さである。線ｋｈを前方に必要なだけ延ばす。コンパスの一方の脚を点ｋにおき、他方の脚をｄからｅに回して円弧を描く。前方に延ばされた線ｋｈが円弧で載断される点をｉとする。こうして基礎下部の輪郭は描かれた。都市壁の基礎が高くて強固であれば、〔稜堡の〕基礎後部はそれほど大規模に造られる必要はない。基礎後部の造築は小規模でよい。

　この稜堡外周の壁は厚さ10シューで造られる。線ｎｉ上では厚さ10シューの壁が造られる。ｄとｅからそれぞれ壁ｎｉ上の点ｋに向かう２つの壁の厚さも10シューである。ｄｉとｉｅ間の点ｋに向かう全ての壁のなかで、中央の２つの壁の厚さも10シューである。〔テキストではｄ．ｚ．であるが、これは明らかにｄ．ｉ．の誤記〕。次にコンパスの一方の脚を点ｋにおき、他方の脚で２つの円形壁を、都市壁の隅角と前方壁の間に厚さ３シューで等間隔に描く。これらの円形壁は、ｎｉと交差する厚さ10シューの横壁ａｋｂに至る。次に全て点ｋに向かう５つの厚い壁の間に、厚さ３シューの控壁を４つ造る。壁の厚さは点ｋで減少してはならず、初めの厚さが保持されなければならない。とりわけ細い方の控壁がそうである。それ故点ｋの前では石が厚く強固に組まれなければならない。というのも最大の力がそこにかかるからである。

　次に稜堡後部の長方形ａｂｌｍに、厚さ５シューの壁を５つ格子状に設ける。それらの壁をぶ厚い角石で強化してもよいしその隙間に土を詰めてもよい。その選択は建築主の意向に任される。

　階段の設置の仕方については前に述べられた。ここでは、壁ｎｈのいずれかの側に都市側から上る階段を造れば、それで十分である。

　幅10シュー高さ13シューの砲台を５つ下に造る。

　以上がこの稜堡の基礎下部の記述である。その後その上から砲撃できるように、稜堡を都市壁よりも高くする。その高さはほぼ15シューである。前方も両側も最初の稜堡同様に、壁を15シュー内側に傾斜させる。そうすればこの稜堡の上部は100シューの幅、線ｎｉ上で120シュー以上の長さになる。壁を築く際の石の断面と位置については、前述の仕方を利用する。そうすれば大砲が壁を倒壊させることはないであろう。胸壁を４シューの高さで作り、その斜面を平滑にする。またその厚さを少なくとも18シューにして、大砲の砲身がその上にのせられるようにする。この稜堡では挟間を作らず、大砲を前述の覆いで被う。大砲の最初の衝撃を受けずに、またそれだけ

24

第一章　稜堡の建築

損傷が少なくなりあるいは吹き飛ばされないように、覆いの前部を傾斜面より低くする。全ての側に向けて砲撃できるように、この稜堡上に7つの大きな大砲を据える。この稜堡の基礎下部、基礎上部の各平面図、および正面の外観が次に示される。

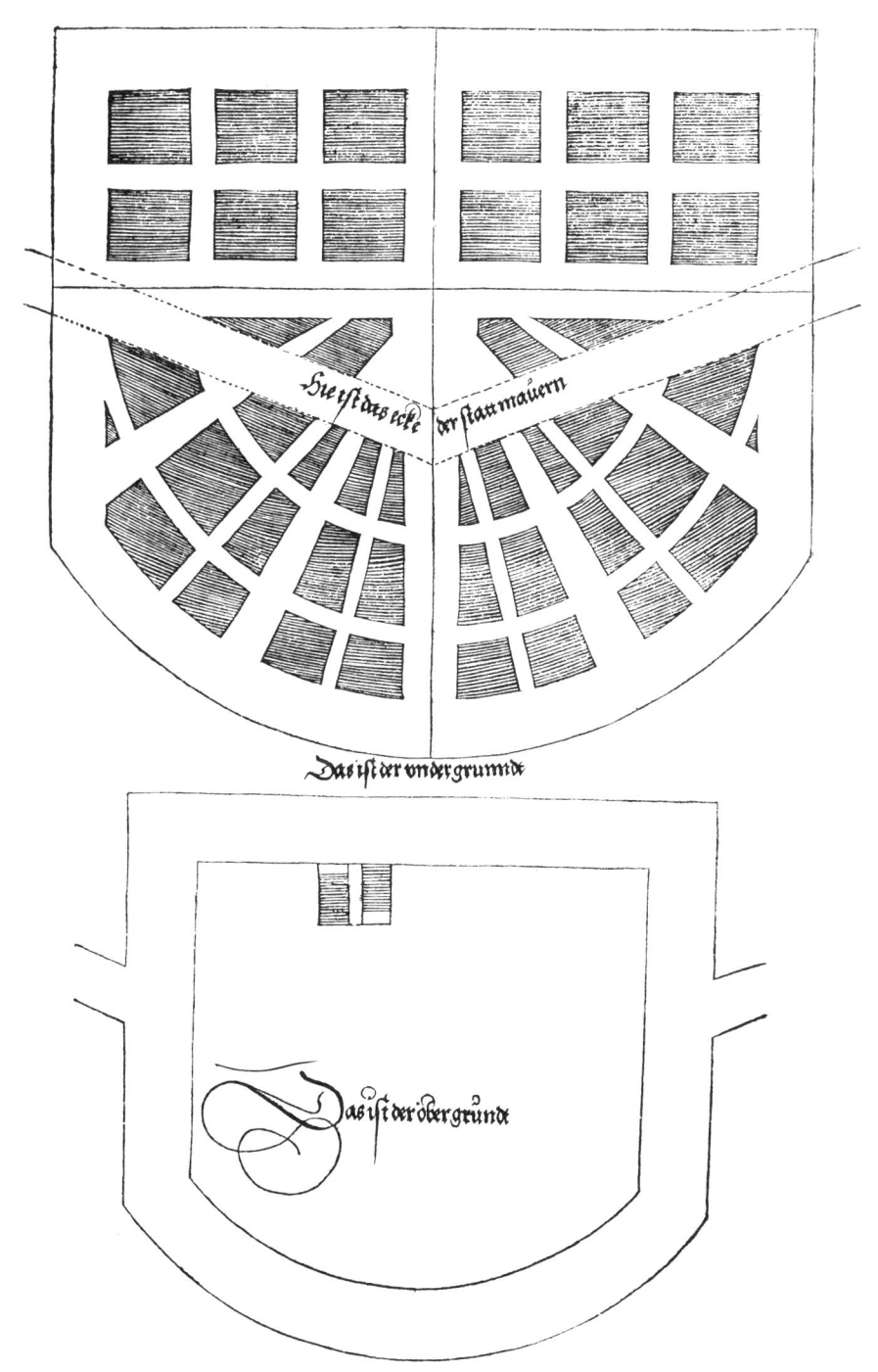

〔図14：稜堡の平面図とプラットフォーム：テキストの説明文：「これは都市壁の隅角である。これは基礎下部である。これは基礎上部である。」〕

〔図15：稜堡の正面：テキストの説明文：「これは稜堡の正面図である。曲壁と直壁の二種の傾斜面も示される。」〕

第二章　要塞化された首都の建設

15. 都市の位置と施設に関する一般的記述

　広大で良い土地を所有する君主は、彼の意のままに堅固な城郭を築き、そこで敵から身を守り安全に暮らそうと思うはずである。そのためには彼は次のような条件のもとに、それに相応しい場所を探し求めなければならない。

　先ず実り豊かな平地が選ばれるべきである。またこの平地の北に、樹木の茂った高い山地がなければならない。城郭の建築のために木材も石材も入手できるためである。この山地に幾つかの監視所を設け、敵が容易に山地を登れないようにする。そしてこの監視所に秘密の出入り口を設ける。敵が不意を突いて城郭に侵入しないように、これらの監視所から人は遠くまでどこまでも見張ることができる。来襲の際には監視人は籠を掲げたり、狼煙を上げたり、発砲したり、松明を掲げたりして、来襲の合図を送ることができる。

　この城郭は山地から小1マイル南にある平地に建造されなければならない。この選ばれた場所には、城郭の前を南の方に勢いよく流れる大きな川がなければならない。川の支流を造ることができないにしても、この川の水が壕を通して城郭の全周囲に流れるようにする。そうなれば、魚を壕に引き入れることもできよう。水を除いて壕を乾燥させれば、そこは気晴らしの場所になる。弓、弩、鉄砲の射撃場となり、球打ちや動物と木々の庭園となる。この城郭の平面図は正方形で

ある。四辺の最外隅はそれぞれ、600シュー〔≒180m〕の長さで斜形をなす。城郭内部の各建築物は然るべく大きくも小さくもなる。外側を防御するために、この城郭には大きな広さがとられなければならない。それ故この正方形の最外部の一辺を、隅切りを除いて、約4300シュー〔≒1290m〕の長さにする。

　4つの強風〔東西南北の風〕を城郭の隅で防ぐために、城郭の正方形を〔東西南北に対して〕斜め向きに設置する。即ち、最初の2つの隅のうち、一方は東向きに他方は西向きに置かれる。次の2つの隅のうち、一方は南向きに他方は北向きに置かれる。東と西はAとBで、同様に南と北はCとDで記される。

　この城郭の前ではそこから小1マイルほどの範囲内、つまり筒の長い野砲の砲弾が達する範囲内には、堅固で高い家屋を一軒も建ててはならず、壕も他の砲台もそこに設けてはならない。敵襲の懼れを少なくし用心するために、この城郭に高くて広い大きな門が設けられる。このような門はAとCの中間におかれる。君主のために騎乗でも任意に出入りできる隠された秘密の出入口も必要である。このような秘密の通路は、建築物のなかで常に清潔な状態にされていなければならない。この城郭を防御するため人が騎乗で出入りできるように、DとBの中間にも上記の門より小さな門が設けられる。

　この城郭を防御するために、塁壁を二重にして、壕を二重に繞らせ、その内壁を強固にする。

　互いに向かいあう門は、敵方に奇襲された際、外側の門は奪われたとしても、内側の門が守られるために、取り外され移動させられなければならない。その建て方については棟梁がよく知っているので、それについて記す必要はない。塁壁上を人が渡れるように、門と塁壁を開通させる。またトンネル型天井を架けた状態で水路を4側辺の塁壁に通す。水が壕に流入する処を板で覆い、しばしばそこを掃除して、ごみを取り除く。然るべき都市ではいずれも、同様のことを配慮することが必要である

　城郭の内部を区画する。王家の邸館を城郭中央の正方形の場所に設ける。その一辺の長さを800シュー〔≒240m〕にする。この正方形に隅切りはない。このような王家邸館をどのように建築するかについては、古代ローマのウィトルーウィウスが明確に記している。この場所はeと記される。この正方形の外側に、厚さ60シュー高さ40シューのツヴィンガー〔城郭と壕の間の空間〕が繞らされる。それはfと記される。このツヴィンガーの外側に、深さ50シュー広さ60シューの壕を造る。それはgと記される。王家邸館のツヴィンガーにはその全ての側辺中央に、それぞれ跳ね橋を伴う4つの門を設ける。王が欲するとき、王が直ちに彼の人民のもとに行けるようにするためである。

　4つの門の上に、壕に突き出る4つの円塔を造る。円塔の基礎における直径は100シューで、上部のそれは70シューである。円塔の下部の厚さを上部のそれより大きくする。その中にかなり立派な住まいが設えられる。基礎からの塔の高さを135シュー〔≒40.5m〕にし、上に低い屋根を被せる。

このツヴィンガーのAの方向の隅に、上部の広さが下部のそれの半分で、高さが200シューの塔を造る。この塔から人は周辺全体を見渡し、それに時鐘を取り付けることもできる。またこの塔内に内陣と礼拝堂も設えられる。

16. 城郭外周の要塞化

王家邸館がウィトルーウィウスや他の賢明な棟梁の教えに従って造られたならば、その壕の外側に、その周囲を600シュー〔≒180m〕の幅で取り囲む方形の場所を作る。それはhと記される。王の高官、使用人および手職人はこの場所に住む。井戸や天水溜めもここに設ける。城郭が機能的になるように十分に配慮されなければならない。

王家邸館を取りまく場所の外側に、地面からの高さ60シュー、底部の幅150シュー、上の幅100シューの最初の塁壁を造る。塁壁は控壁で支えられる。この塁壁はiと記される。

この塁壁の外側に、深さ50シュー、上の広さ50シューの壕を造る。外側の壕の壁を垂直にする。この壕はkと記される。部隊が駐屯し家屋が建つほど十分広い場所を確保するため、この壕の外側を幅150シューの舗装された道で囲む。その道はlと記される。

この場所の外側に、内側の塁壁と同じ大きさでまたも塁壁を造る。但しその高さを内側の塁壁より10シュー低くする。この塁壁はmと記される。

これら2つの塁壁と壕kに、側面防御のため砲台を作る。塁壁iから8つの砲台が壕の垂直な壁まで占める。砲台の幅はそれぞれ100シューである。そのうちの4つはそれぞれ、隅切りになった壕の4隅にくる。他の4つは、上記の4つの砲台の中央に、壕に直角に設けられる。

塁壁mから外側の壕nに向けて12の砲台が作られる。それらは長さ100シューほど壕に突き出る。それらの幅は100シューである。その幅は、砲台が各側辺の3箇所で防御するために必要な大きさである。各辺にそれぞれ3つの砲台が辺に直角に設けられる。即ち接しあう2つの辺の隅切りとなった隅にそれぞれ1つ、各辺の中央に1つ設けられる。砲台の配置されるこれらの場所が図で確認できるように、それら全てに小十字＋が記される。

更に前述の稜堡におけるように、塁壁iとmの全長に亘りその下部に、トンネル型天井と通風孔を備えた砲台を設ける。2つの挟間の間隔を全て50シューにする。

この塁壁mの周囲に、広さ150シュー、深さ50シューの壕を造る。この壕はnと記される。この壕の上によく防御された跳ね橋を架ける。塁壁からその橋に人が行くのは、塁壁を通る厚さ12シューのトンネル型天井付きの通路（間道）による。これらの塁壁のための階段を各々の側に幅25シューで3つ設ける。こうすれば塁壁上の連絡は決して妨げられず、人は要塞全体を繞ることができる。外側の稜堡の適切な場所に、監視人が激しい雷雨を避けるための低くて小さな家を建てる。

広い壕の外側に、150シューの幅で再び平地を造る。この平地はoと記される。この平地の周囲に、深くて非常に広い、内壁の施されていない壕を掘る。この壕はpと記される。掘り出された土を壕の縁に積み上げるが、この土塁をそれほど高くしてはならない。この土塁上に水車小

屋を作る。それができない場合、風車小屋もしくは馬力製粉所を作る。土塁上に粗い柵あるいは厚い角石からなる高さ7シューの胸牆を造り、そこから外を見ることができるように段を設ける。この壕に架けられる橋に、防御のための強固な家屋門を設ける。

　石材で全ての壁を造りそれを傾斜させる方法は、前に稜堡のところで示された。地面から掘り出される土を外に持ち出さず、土塁上に積み重ねるようにする。そうすれば多大の出費は抑えられる。

　最も外側の橋の周りに防壁を造り、その上に跳ね橋を架けることもできる。食事中でもあるいは何か事が起こったとしても、跳ね橋を上げさえすれば、何人も城郭に入ることはできない。

　強大な君主が大小の大砲、大砲を覆うもの、その他必要なものを、如何にして備え用意することができるかを、このようなことを日々行っている経験豊かな軍人たちが君主に進言するであろう。君主は同様に全ての糧食、火器ならびに必需品を、それらが欠乏しないように、確保しなければならない。

　平地 l において塁壁 m 側に厩舎を作る。必要なあらゆるものとともに、そこに2000頭の馬をゆったりと配置することができる。内壁の施された広い壕 n の外側にある平地 o に、粗い垣根を背景に多数の兵隊を駐留させる。彼らが敵に対して日々小競り合いをしかけ、捕獲品を求めて走り回ることができるように、そこに小屋を設ける。そこから君主の諸都市に、それらが遠くないところにあれば、毎日のように援助と指示を、兵隊と他の必需品とともに送ることができる。

　最も外側の壕の前にある2つの門前に、それぞれ屋根の低い木造の飲食店を建てる。但しそれらを頑丈に造ってはならない。そうすれば敵兵がそこを占拠しても、彼らの防御の役に立たず、そこから自軍に損害が生じることがない。

　城郭建築に必要なあらゆるものがこのように整備されているとすれば、そのような城郭のなかで敢えて防御しようとしない君主は、彼自身以外の誰にも敗戦の責任を取らせることはできない。というのも二重の塁壁は容易には崩されず、たとえ外側の塁壁が多勢の兵士と猛攻で敵軍に奪われたとしても、内側の塁壁は外側のそれより高く、敵の大砲がそこに当たることはないからである。それ故城郭の内側にいる防御の兵士は、勇敢でありさえすれば、敵兵を強力に撃退することができる。というのも敵兵は無防備の場所にいて、眼前に壕があるからである。余儀なく大砲を投げ入れる場合に備えて、外側の塁壁上に穴を掘らせる。そうすれば君主は自軍の火砲で傷を負うことはないであろう。王はこの城郭内に役に立たない人たちを住まわせてはいけない。そうではなく城郭の防衛に役立つ、腕の良い、信心深い、賢い、男らしい、熟練した、精巧な技術をもつ男たち、腕前のよい職人たち、火砲鋳造家および射撃の名手だけを住まわせなければならない。王の城郭には、王と親しくしている人たちと、住むことを許されている人たち以外は、居住することができない。王は死体を壕の内側に埋葬させてはならず、そのための教会墓地を城郭から東の方にある山地の近くに作らなければならない。そうすれば臭気は、多湿な時期に最もよく吹く西風によって追い払われる。

第一部　邦訳

以上述べられた城郭の建て方は、次図に示される。

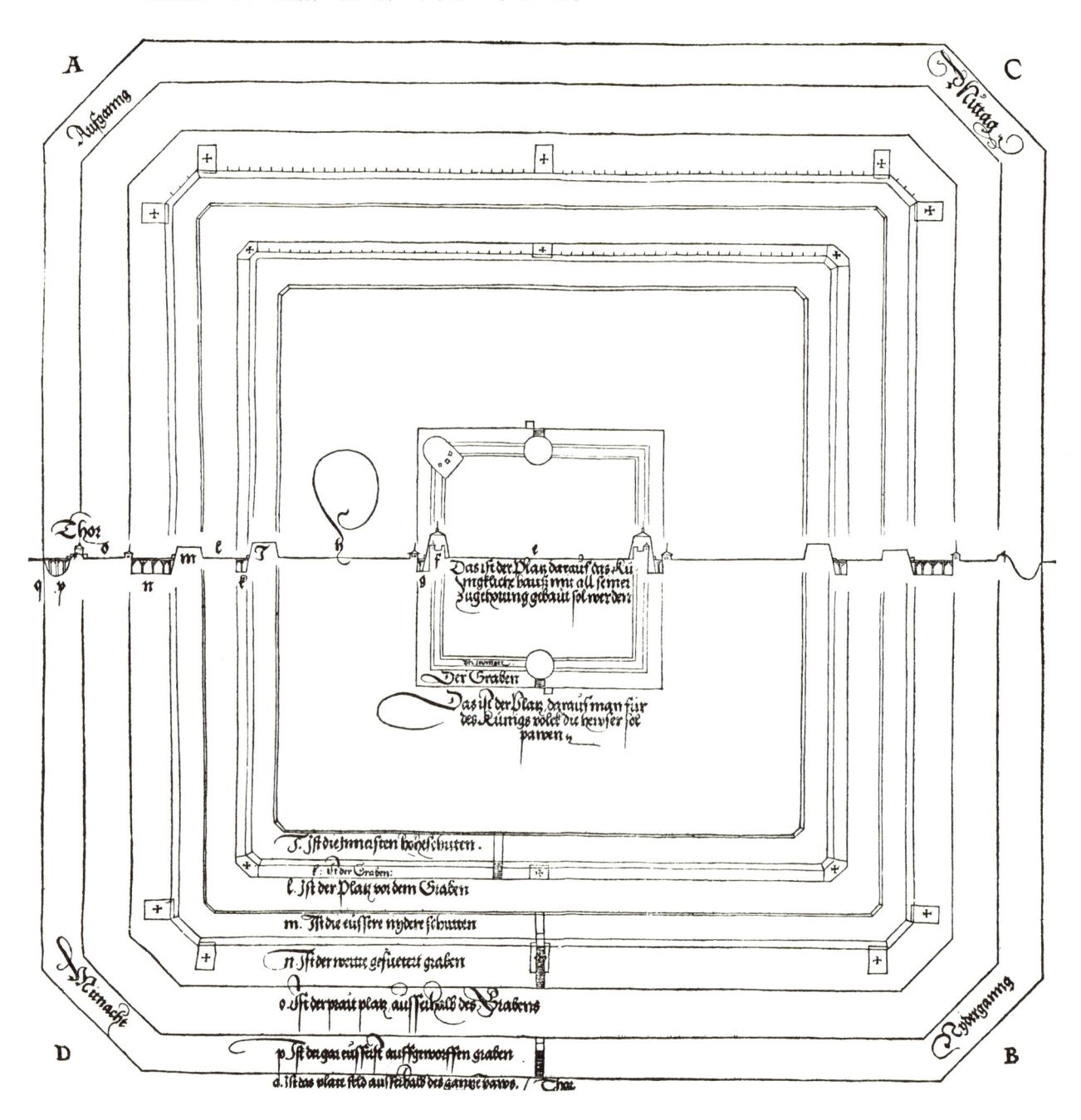

〔図16：要塞化された王の城郭。平面図：テキストの説明文：「東。南。門。これは、王家邸館がその施設とともに建てられる場所である。壕。これは、王の人民のために家屋が建てられる場所である。iは最も内側にある高い塁壁である。kは壕である。lは壕の前の平地である。mは外側にある低い塁壁である。nは内壁のある壕である。oは壕の外側にある平地である。pは最も外側にある壕である。qは建築物全体の外側にある平地である。」〕

17. 城郭内部における住宅建築の区割り

　前述されたように、内側の塁壁と王家の邸館を繞る壕の間にある正方形の場所hに、家屋を配置しようと思えば、必要なあらゆる事柄に対応できる配置の仕方について、人は前もって考慮しなければならない。前図〔図16〕と同じく、この場所hの最も外側の壕の4箇所に、4つの文字ABCDを記して、東と南とその反対〔西と北〕が分かるようにする。この場所hの幅は前述のように600シューである。王家邸館の壕の1側辺の長さはおよそ1012シューである。〔従って城郭の1側辺の長さはおよそ2212シューとなる。〕この壕の周りに幅50シューの4つの広い道路を設ける。この4つの道路は8箇所において塁壁の4つの側辺まで完全に通される。この壕の傍に立てば、そこを通る道路が両側の塁壁まで妨げられずに見通される。次に王家邸館の4つの門から塁壁の4つの側辺まで、前述の幅で4つの道路が通される。これらの幅広い道路が塁壁と出会う場所に、門の処を除いて、次図に示されるように、幅40シューの階段を作る。

　次の記述に移るに際して、先ず側辺ACから始めよう。その中央は王門の真向かいになるが、そこに主要門を設ける。

　最初に隅Aに聖堂とそれに付属する建物を設ける。塁壁と聖堂敷地の間に幅25シューの道路を設ける。こうすれば内陣（1）の前に2つの鈍い隅と2つの線が生じる。〔1は図17における内陣の位置を示す数字。以下同じ〕内陣を長さ200シューの線で境界づける。この線から正方形（2）を作る。それが聖堂の形となる。聖堂の最奥部中央に、1辺の長さが60シューの正方形をなす低めの頑丈な鐘楼（3）を造る。その鐘楼は2つの頑丈な柱の前にあるので、半ば聖堂内に半ば聖堂の外に位置する。この塔には聖堂を守り、鐘を撞いて時を報せる男が住む。この鐘楼の正面に聖堂の大きな玄関がある。聖堂にはその他にも玄関の両側と左側（7から）に扉がある。聖堂内の左側壁中央に、人が下に降りるための扉が設けられる。この側壁に沿うように、内陣の下に聖具室（4）が作られる。聖具室の幅は25シューで、内陣側の長さは80シューである。そこに聖堂を飾るものが保管される。聖堂の右側に、その内部から聖堂に入ることのできる司祭館（5）を設ける。司祭館を次のように境界づける。聖堂の右扉の横にある隅から、長さ60シューの線を塁壁に平行に上に引く。その線端からそれと直角をなす線を、塁壁との距離が25シューになるまで引く。その線端からそれと直角をなす線を、内陣（1）の隅まで引く。そうすれば塁壁と聖堂および司祭館の間には、前述のように、幅25シューの道路が保持される。今引かれた司祭館の線の隅から126シュー〔≒37.8m〕下の処に1点をおく。その点から今述べた線と直角をなすように聖堂の壁まで線を引く。そうすれば聖堂と司祭館の間に三角形ができる。それを司祭の小庭園（6）にする。もう一方の建物は彼の家〔司祭館〕（5）である。聖堂の左側に、塁壁側が直角となる三角形を作る。それを司祭の大きい方の庭園（7）にする。そうすれば聖具室も防御され、司祭も安心して司祭館（5）に住むことができる。以上のことが全てはっきり分かるように、これらを図示し数字で表示すれば次のようになる。内陣は1、聖堂は2、鐘楼は3、聖具室

第一部　邦訳

は 4 、司祭館は 5 、小庭園は 6 、大きな庭園は 7 である。

　銅細工師の大小様々な製品が鋳られる鋳造工場が特に設けられなければならない。この城郭において真鍮や銅から鋳造される手作りの製品はいかなるものであれ全て、この工場でのみ作られる。これとは別の工場が〔銅細工師の仕事場として〕許されてはならない。隅Cに1辺の長さ100シューの鋳造工場（8-11）を4つ造る。隅Cに工場を造るのは風により有毒な煙を消散させるためである。一年を通して風は大抵西と北から吹き、また東風も吹くので、そのような風が煙を城郭から追い払ってくれる。南風だけはめったに吹かない。もし吹けばこの煙を城郭のなかに吹き込むであろう。それ故この都市ではそのような場所〔南側のC〕が鋳造工場に最も相応しいと私に思われる。これら4つの工場は2軒並び（8と9、10と11）で、道路を隔てて相対する形（8・9と10・11）で設けられる。道路の幅は50シューである。幅25シューの道路を隅Cの周りに設け、工場が塁壁に接しないようにする。ACの線側に平行に2軒並び（8と9）の長辺をおく。これら4つの工場は8.9.10.11と表記される。

　AC間の塁壁の門と向かい合う王家邸館の門の前に、幅200シュー長さ300シューの市場（12）を設ける。広場は12と記される。市場（12）の両側に、それぞれ幅200シュー長さ406シューの家屋ブロックを設ける。A側のブロックを中央で2等分し、市場側の半分を市庁舎（13）にする。その中央に1辺50シューの正方形の中庭を設け、真ん中に井戸を作る。市庁舎の下を倉庫にせず、空けたままにして、犯罪人の牢獄にのみ使用する。市庁舎は13と記される。市庁舎の後ろの部分を4つの同じ家屋に分ける。これらの4つの家屋から、それらの接合点を中心に、斜め向きの正方形の中庭を作る。そうすれば各家屋には三角形の小庭ができて、そこから十分な光が家屋に入る。

　市庁舎に向き合う別のブロックを8つの同じ家屋に分ける。市庁舎の後ろの4つの家屋と同様に、全ての家屋に採光のための庭を設ける。このブロックはXと記される。

　この2つのブロックと塁壁ACの間に、4つのブロック（15-18）を設ける。各ブロックの側辺が、王家邸館の壕から塁壁まで通じる2つの道路に接するようにする。塁壁の門から市場まで通じる道路で、4ブロックを二分する。塁壁といま置かれたブロックの間に幅50シューの広い道路がのこるように、4つのブロックを配置する。市庁舎のブロックとそれに向かい合うブロックの間にも、幅50シューの広い道路を設ける。この道路はADとCBのそれぞれの塁壁に達する。これら4つのブロック（15・16と17・18）の間に、幅25シューの長い道路を設ける。またこれら6つのブロック（X, 13, 15-18）の周りに、市場の周辺に相応しく幅50シューの広い道路を続らせる。この4つのブロックでは、Xの横のそれが17、ブロック13の横のそれが18、18の横が16、ブロック17の横が15と記される。これら2つのブロック17と18を20の同じ家屋に分ける。一方15と16の2つのブロックを40の同じ家屋に分ける。

　鋳造工場と聖堂のそれぞれの右側の空いた場所を家屋で充たす。先ず2つのブロックXと13の上下に、塁壁BCおよびADとの道幅が25シューになるように、それぞれ2つのブロック（22

32

と23、19と20）を設ける。この４つのブロックの一つの長さは525シュー〔≒157.5m〕、その幅は87.5シュー〔≒26.25m〕である。鋳造工場の横のブロックは22、その隣は23と記される。

　ブロック13に近い２つのブロックは、聖堂の横が19、その隣は20と記される。各ブロックを二分し、広い道路に面した部分を同じ11の家屋に分け、狭い道路に面した部分を22の家屋に分ける。

　家屋をおかなければならない場所がまだ２つ残っている。一つは聖堂の、他は鋳造工場（8-11）の近隣である。司祭館（5）の近くに、その四隅が２つの広い道路に沿うブロック（21）を設ける。その長辺を２つのブロック16と18の幅〔その間の道を含む〕を合わせた大きさにし、短辺を170シュー〔≒51m〕にする。このブロックは21と記される。このブロックを先ず12等分する。次に四隅の２つの家屋をそれぞれ二等分する。そうすればこのブロックには16の家屋が設けられる。こうして聖堂の前にかなりの場所が残り、それは聖堂の空き地となる。

　２つのブロック15と17と向かい合せに、鋳造工場に隣接する２つのブロック（24,25）を設ける。それらの幅を上記ブロックのそれと同じにし、塁壁側のブロック（24）の長さを200シューにする。それを同じ10の家屋に分ける。ブロック17と対面する別のブロック（25）の長さを250シューにする。それを同じ12の家屋に分ける。そうすれば鋳造工場の周りに広い空き地が得られる。それは工場の前で大きな大砲を取り扱うのにも十分な広さである。これら２つのブロックのうち、塁壁側のそれは24、他は25と記される。

　市場周辺の家屋は次のように割り当てられる。市庁舎の後ろに４つの家屋があり、市庁舎と対面するブロックＸに８つの家屋がある。それらを領主の邸宅にする。また２つのブロック17と18を貴族の館にする。城郭の門を守備し、いつでも出動する準備をなすことができるように、２つのブロック15と16の家屋を、隊長、旗手および軍曹の住居とする。彼らは商売を営まないので、彼らに広い家屋は必要ない。

　聖堂周辺のブロック19、20、21の家屋を、静かな生業を営む人たちの住居にする。また鋳造工場周辺の４ブロック22、23、24、25の家屋を、銅細工師、鋳型職人、旋盤職人、および鋳造工場で働く種々の細工職人と手職人の住居にする。こうしてＡからＣまでの場所に人々の然るべき住居が定められる。

18. 同、続き

　CB間の空いている場所をブロックに分ける。最初に王家邸館の壕の長さの範囲で、CB側の塁壁に向かう幅50シューの３つの道路の間に、８つのブロックを設ける。塁壁とブロックとの間およびブロック相互の間に、幅25シューの４つの道路を設ける。これら８つのブロックは塁壁側から26、27、28、29、および30、31、32、33と記される。塁壁の近隣の２つのブロック26と30の

第一部　邦訳

間に、武器庫として双方に必要な広い空間を得るため、幅100シューの広場を設ける。つまりこの２つのブロック（26,30）を、銃火器、種々の武器および軍備に必要なものが収納される大きな武器庫にするのである。そしてこの２つの武器庫（26,30）に非常に強固なトンネル型天井を備え、その地下を飲み物が収納される地下貯蔵室にする。またこの２つの家屋（26,30）の壁をそれほど高く築かず、上に鉄格子の屋根を架け、王に穀物が供給されるように、屋内に穀物貯蔵用の広い屋根裏を設ける。どの家屋に住む人にも、一年分の種々の食糧が供給されるように、配慮する。またこれらの武器庫（26,30）の下部に鉄製の枠のついた小窓を若干取り付け、それを慎重に管理する。

　別の６つのブロック、つまり王家邸館の壕の近隣の２つのブロック29と33をそれぞれ同じ20の家屋に分ける。28と32の２つのブロックの間に、２つの浴場を向かい合わせに造る。男性の浴場はm、女性の浴場はfと記される。浴場のある２つのブロックの残りの部分を、それぞれ同じ36の家屋に分ける。27と31の２つのブロックをそれぞれ同じ40の家屋に分け、そこに木工と建築の仕事に従事する工人を住まわせる。

　次に家具やその他の様々な用品が木材で作られる製作工場（34）を、城郭の隅Bに設ける。そこに木材、板および種々の道具を収納する。製作工場（34）を幅200シュー長さ400シューの長方形にし、ブロック30に向かい合わせる。製作工場の塁壁側を塁壁の形に合わせて、僅かに隅切りをなす。この工場（34）に長さ200シュー幅50シューの中庭を作る。この工場は34と記される。塁壁の周囲は、前述したAC間の門の近隣の道路を例外として、つねに幅25シューの道路があるように留意する。

　この製作工場（34）に接続して、幅100シューのブロック（35）を設ける。その長さは、ブロック30の前の、幅50シューの道路まで達する。このブロック（35）を同じ６つの家屋に分ける。製作工場（34）でつねに仕事をしなければならない工人たちを、そこに住まわせる。このブロックは35と記される。次にこの製作工場（34）の近くに、４つのブロック（36-39）を設け、両者の間に幅25シューの道路を通す。これら４つのブロックは、王家邸館の壕からBD側塁壁に至る道路までに収まる。この４つのブロック間に、それぞれ幅25シューの３つの道路を通す。４つのブロックは塁壁側から36、37、38、39と記される。こうすれば製作工場（34）とブロック35と39の間に、人がなにごとかをなしえるほどの広場が得られる。

　３つのブロック36、37、38をそれぞれ同じ16の家屋に分ける。ブロック39については、ブロック38側を同じ３つの家屋に分け、反対側を同じ８つの家屋に分ける。

　種々の職人たちの住居をこれらのブロックに次のように配置する。即ち、ブロック36の塁壁側に車大工を住まわせる。そうすれば彼らは轅と木材を塁壁に立てかけることができる。同じブロックの反対側に鞍工および同種の職人を住まわせる。鞍工の住む家屋に向かい合うブロック37に、馬勒工および同種の職人を住まわせる。このブロックの反対側に甲冑職人とこれと類似の種々のものを作る職人を住まわせる。甲冑職人の住む家屋と向かい合う第三のブロック38に、拍車職人および小物を作る手職人を住まわせる。このブロックの反対側に槍、斧槍および刀剣を作る武具

34

職人を住まわせる。ブロック39では3つの長い家屋の方に、板を使うために広い場所を必要とする指物師を住まわせる。このブロックの反対側に、型通りに巧みに作らなければならない木工旋盤職人を住まわせる。

　石工は平和時には城郭の外の石の小屋で仕事をすることができる。

　王はブロック28、29、32、33にお気に入りの人物を住まわせる。CBの側はこのように秩序づけられる。

　DB側の塁壁と王家邸館の壕の間の空間を次のようにブロックに分ける。王家邸館の壕と門からDB間の塁壁まで通る3つの道路の間に、8つのブロックを設ける。製作小屋34の前から始まる真っ直ぐな道路を同じ幅で〔8つのブロック間に〕通させる。これら8つのブロックは、王家邸館の壕の近隣でブロック39に向かい合うところが40、そこから塁壁の方に順に41、42、43、更にその下方の王家邸館の壕から順に44、45、46、47と記される。これら8つのブロックをそれぞれ同じ24の家屋に分ける。

　こうした後、8つのブロックに人を住まわせる。ブロック43の塁壁側に毛皮加工職人を住まわせる。ブロック47の同じ塁壁側に製靴職人を住まわせる。このブロックの反対側に食料小売人を住まわせる。毛皮加工職人の反対側に種々の皮革製品を作る職人を住まわせる。ブロック43に向かい合うブロック42の家屋に綱製造職人を住まわせる。そこは彼らが綱を編む塁壁までそう遠くはない。綱製造職人の反対側に仕立屋を住まわせる。

　食料小売人の家屋（47）側のブロック46の家屋に、やはり食料小売人を住まわせる。食料小売人たちの住む両方の家屋の間に道路を通す。この城郭内では彼らから種々のものを買う必要がある。同じブロック（46）の食料小売人の反対側の家屋に、亜麻布の織り工、布地の織り工および天幕製作工を住ませる。王は4つのブロック40、41、44、45を、好きなときに必要に応じて、家屋を細分したり大きくしたりしながら、使用することができる。王家邸館の壕の近隣の6つのブロック29、33、40、44、54、53の12の隅に、12のワイン酒場を設ける。

19．同、終結部

　DB間の塁壁側に、600シュー以上の長さと幅の四角形の空間がなお残る。そこに5つのブロックを設ける。最初に、王家邸館の壕からいま造られた4ブロック（44-47）の前を通る道路に沿って、4つのブロック（48-51）を設ける。新設の4ブロック（48-51）の幅を、道路を隔てた既設のブロック（44-47）の幅と同じにする。既設ブロック（44-47）間の幅25シューの道路を、真っ直ぐに新設ブロック（48-51）の間に通す。この4ブロック（48-51）の長さをそれぞれ400シューにする。新設ブロック（48-51）は塁壁側から51と記される。次いでブロックは50、49、48と記される。これらのブロックの前になお長さ600シュー幅150シューの空間が残る。そこに長さ475シュー幅100シューのブロックを設ける。このブロックは52と記される。このブロック（52）

第一部　邦訳

の周囲に幅25シューの道路を通し、それをトンネル型天井の付いた、頑丈で低い壁の食料貯蔵庫として、その下に家屋と同じ長さの堅固な地下室を設ける。

　この家屋にラード、食塩、乾し肉および種々の香料を保存する。またこの家屋に天井床を設け、穀物、からすむぎ、大麦、小麦、粟、豌豆、偏豆および種々の豆類をそこに保存する。次に4つのブロック48、49、50、51をそれぞれ同じ20の家屋に分ける。ブロック51に甲冑製作師と兜製作師だけを住まわせる。甲冑と兜の研磨はこのブロックに向かい合う城郭の前の流水で行われる。

　ブロック50の右側の家屋に、錠前師と騎馬試合用の槍と甲冑の製作師、および競技にも戦時にも貴族に役立つ武具の製作者を住まわせる。このブロックの反対側に平鍋鍛冶師、鋳掛け屋およびブリキ職人を住まわせる。ブリキ職人の住む家屋に向かい合う側のブロック49に、錫の鋳物工を住まわせる。このブロックの反対側に装身具職人、製針職人および金属で仕事をする種々の職人を住まわせる。王のための金細工師、画家、彫刻家、絹糸刺繍師および石工は、ブロック48の家屋に住まわせる。次に王家邸館の壕とAD側の塁壁の間の空間をブロックに分け、そこに人を住まわせる。この場所に8つのブロック40-47と同形の8つのブロックを設ける。そうすれば食料貯蔵庫（52）の前に、幅100シュー長さ150シューの開けた場所ができる。それはこの食料貯蔵庫（52）で種々のことをなすのに十分な広さである。この家屋（52）の地下貯蔵室に出入り口を設ける。

　4つのブロック53〔テキストに55と記されるが、これは53の誤記である〕、54、59、60をそれぞれ同じ20の家屋に分ける。2つのブロック55と56に、肉を販売する2軒の肉屋を住まわせる。双方の肉屋を、道路を隔てて向かい合わせる。そうすればそれぞれの店の2つの隅は、通りに向かって開かれる。肉屋の記しは斧である。

　次に双方の肉屋の住むブロック（55, 56）の残りの部分を、それぞれ36の同じ小さな家屋に分ける。2つのブロック57と58の、肉屋に向かい合う側をそれぞれ、同じ20の家屋に分ける。屠殺小屋を城郭の外側の水辺に設け、屠殺に従事する人の家屋を城郭内の、ビールを醸造する人の家屋近くに定める。ビールを醸造する人の家屋を、塁壁に向かい合う2つのブロック59と60に定める。そこに地下貯蔵室と酒場を設ける。ビール醸造所を最も外側にある壕の内側に設け、そこで働く人たちは〔城郭の〕隅Dでビア樽の内側に瀝青を塗る。パン焼き職人の家屋を、2つのブロック57と58の、肉屋の家屋に向かい合う側に定める。

　これまで挙げられていないが世間に必要とされ、商売のために広い家屋を必要としない人たちを、その他の家屋に住ませる。詳しく言うと、身分の高い人たちを王家邸館に隣接して住まわせる。王家邸館の壕の傍に住む人たちは、店舗を彼らの家屋の下に設け、アーケードの空間を商人たちの使用に委ねる。両替屋、金銀、香辛料、種々の膠、織物や布地および上等の薬品を扱う商人のような金持ちの店舗は、王家邸館の壕の傍の最良のアーケードを占める。次に様々な種類の小売り品を扱う別の商人を配置して、高級品が必要とするよりも小さいアーケードを、彼らに割り当てる。床屋を城郭の4つの側に等しく配置する。ブロック19・20と向かい合う市庁舎後方の一角、およびブロック22・23と向かい合うブロックXの一角に、それぞれパン販売店を配置する。

これらの家屋を全て石材で造り、しっかりした壁で仕切る。こうして王とその人民を火災から守る。建物の窓による採光については棟梁たちがよく知っている。これらの家屋は、広い敷地の所有が許されない城郭にあっては、全ての居住者にとって十分に大きい。というのも、それらの家屋の長さは少なくとも50シューあり、最小の家屋でも幅が25シューあるからである。もっと小さい家屋が必要な場合には、次図の幾つかのブロックで示されるように、あるブロック内の家屋を仕切り、それを2つの家屋にすることもできる。その際長さは同じで、幅をそれぞれ25シューにする。住むにはそれで十分である。以上の他に、城郭内の生活に必要と考えられる井戸の設置についても、この平面図に小円と小点で示した。以上の私の意見は次頁〔図17〕で示される。

第三章　峡隘地の円形要塞

20．要塞中核部の記述

君主が国内に、海や河川湖水と山地や高い岩山の間に、狭くて平らな土地を所有するとして、その山地や岩山がいかにしても越え難く、しかも山地と海の間の道が狭くまた非常に長いとすれば、君主はそこに堅固な要塞 Clausen を築いて、自国をそこで閉ざすことができる。そのような要塞の築き方を次に示そう。

最初に、海や河川よりも山地や岩山寄りのこの土地の中央部に、直径400シューの円形中庭を設ける。中庭はAと記される。中庭の最も相応しい処に、十分に保護された井戸か天水溜めを作る。この中庭の周りに円形ブロックを設ける。その広さを壕の基礎の処で150シュー、上部で110シューにする。部屋を広くするために、中庭側の内壁も外壁も傾斜させずに、垂直にしようと思えば、そうしてもよい。そうすればブロックの上部はより広くなる。このブロックはBと記される。この建造物の内部に、トンネル型天井付きで幅15シューの、石の円柱で支えられた石の通路を、上下に部屋の前で続らせる。中庭の十字状をなす通路沿いの4つの場所にそれぞれ、建物の最上部まで達する広い螺旋階段を作り、人がそこから全ての部屋に入れるようにする。ある螺旋階段を南側に作れば、別の階段をそれに応じて正しく配置する。次に円形ブロックBを、各々12シューの厚さをもつ40の控壁により、40の同じ部屋に分ける。全ての壁と部屋を中庭Aの中心点に向けて方向づける。中庭側も外に向いた側も、壁の厚さを同じにする。最も外側の円形壁については、下の基礎部分で15シューの厚さにする。中庭側の円形壁については、厚さが3シューもあればよい。それで十分である。これらの隔壁内に居住室、寝室、厨房および必要な種々の住居を作る。外側の円形壁を建物の内側に傾斜させる。外壁を内側から強固に支えるために、各部屋のトンネル型天井を連結させて、建物の壁を泉のように上昇する半円形として築く。そうすれば外壁は堅固に立つ。窓が取り付けられる処で外壁は弱くなるが、そこが損傷を蒙るこ

第一部　邦訳

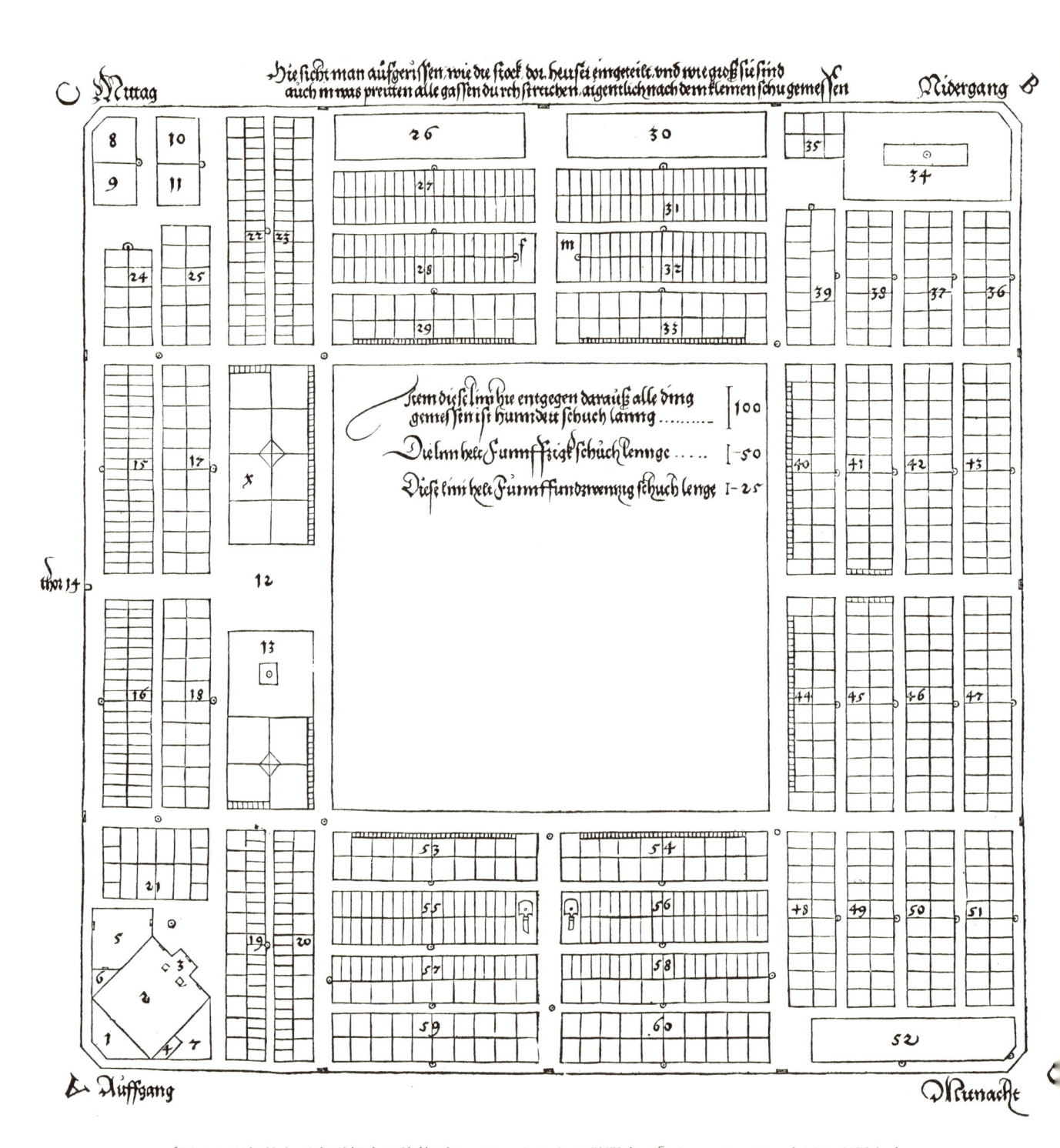

〔図17：理想的な正方形都市の建築プラン：テキストの説明文：「ブロック、門、家屋の配置と大きさが示される図。城郭内を通る全ての道路の幅が実際に縮小されたシューで示される：この線は、平面図に示される全てのものについて、100シューの長さを表す。この線は50シューの長さを表す。この線は25シューの長さを表す。東西南北」〕

とはない。というのも敵は外側の砲台を占拠しない限り、そこを砲撃することができないからである。建物の壁の築き方について、これで十分に説明した。

　各部屋に同形の戸口を、中庭側に設ける。中庭を繞る通路沿いの４つの螺旋階段の中間に、地下を通って厩舎に至る入口を作り、地下階段室にも通路にもトンネル型天井を架す。厩舎では壕側に細長い窓を設けて、壕側から地下厩舎に光を採り入れる。この厩舎はここで最初に記される地下のトンネル型天井付き部屋である。厩舎を巧みに配置すれば、300頭の馬をそこに収納することができる。

　円形ブロックＢの出口を、南に向かう線の右手に設け、出口の内側に四角形の家屋を作る。また出口の上に半円形の稜堡を造り、それを壕Ｃのなかに30シュー突出させる。円形ブロックＢ側のその幅を60シューとし、円形ブロックＢより15シュー低くする。出口に跳ね橋、落し格子、その他秘密の工夫を施す術については、経験を積んだ識者のよく知るところである。

　円形ブロックＢの西と北の中間部の地下に、貯蔵室と食糧保存室をトンネル型天井付きで作る。厩舎よりも低い壕の最下部の周囲に砲台を造り、それに非常に頑丈なトンネル型天井を架する。この砲台については次に詳しく述べる。

21．砲台の設置された壕（ＣとＥ）と外側の塁壁の記述

　この円形ブロックＢの周りに広さ100シュー、深さ50シューの壕を造る。この壕はＣと記される。この壕の周りに塁壁を造る。その厚さは基礎で100シュー、上部で65シューである。この塁壁はＤと記される。

　壕Ｃに４つの砲台を十字状に設ける。一つを東側におく。その記しはＦである。一つを西側におく。その記しはＨである。他の２つの一つを南側におく。その記しはＧである。もう一つを北側におく。その記しはＩである。各々の砲台は円形の建物Ｂから塁壁Ｄまで達する。強力な大砲のために広い空間が必要であるので、砲台には100シューの幅がなければならない。これら４つの砲台の屋根を、壕幅の１／３だけ開いたままにする。煙が完全に排出されるためである。

　そのため鋳造小屋でなされているように、砲台に２つの屋根を架け、その中間を開けておき、開口部を鉄の格子で防御する。各砲台の均等に分けられた地点に、４つの頑丈な石の支柱を立て、屋根を支える壁に組み込まれた12の頑丈なトンネル型天井アーチを、支柱に繋ぐ。以上は図18で示される。壕Ｃのいま作られた４つの砲台の間に、32の挟間を建物Ｂに沿って均等に配置する。それらの配置は図18にはっきり示されるが、図19の立面図ではそれらの位置が小さな直線で示される。

　弾薬入りの大樽は、事故が生じた場合それが上方にのみ作用するように工夫して、塁壁Ｄの秘密の容器に保管する。容器上部はそれ故軽い蓋で覆う。

　塁壁Ｄ内の北側に円塔を設ける。その高さを150シュー、下部の直径を30シュー、上部の直径を20シューにする。壁を極めて厚くし、基礎造りを十分に行う。塔の中央に下から上に昇る狭い螺旋階段を設ける。この塔から人は遠くまで見渡すことができる。そこに時鐘〔時・火災・敵の

第一部　邦訳

来襲を報せる鐘〕を設け、見張り人をおく。

　水車がつねに設けられるとはかぎらない。その場合塁壁Ｄに風車の製粉所、もしくは最も外側の壕に馬力による製粉所を設ける。だが平和時には、城郭の外側に製粉所を設けることができる。

　最も外側の壕を、広さ80シュー、深さ50シューに造る。その記しはＥである。壕Ｅに、塁壁Ｄを起点とする6つの砲台を造る。内側の2つの砲台Ｆ側とＨ側に2つの砲台を配置し、それらの間に他の4つの砲台を均等に配置する。砲台Ｆに向かい合う砲台はＫと記される。次いで南側の方から順にＬ、Ｍ、Ｎ、Ｏ、Ｐと記される。それらはそれぞれ塁壁Ｄから壕Ｅの方に50シューほど突出し、その長さはそれぞれ75シューである。それらは中庭Ａの中心点に方向づけられる。

　2つの壕ＣとＥの上に2つの橋を架け、塁壁Ｄからその両側に道が繋がり人が出入りできるようにする。こうして塁壁Ｄを通る頑丈なトンネル型天井付きの道が造られる。また内側の出口とは別の出口を塁壁Ｄに作り、それに接続して、全ての部分が大きさ、尺度、形態の点で内側の稜堡と同じ半円形の稜堡を造る。建物Ｂから塁壁Ｄまで一箇所以上の場所に橋を架け、塁壁Ｄの内側の壁に階段を設ける。外壕に架かる橋の南側の石の基盤上に、長さ25シューの屋根の低い小さな家屋を建てる。この家屋と橋の周りに、高さ12シュー、奥行き50シュー、長さ75シューの四角形のそれほど厚くない囲壁を設ける。この囲壁の前面中央に広い出口を作り、人が橋から真っ直ぐに囲壁の内側を通って外に出ることができるようにする。また囲壁の両側面にも2つの小さな出口を作り、人がそこを通って壕に出ることができるようにする。

22. 岩山側と海側への塁壁の接続に関する記述

　塁壁Ｄと同規模の塁壁を、両側の壕Ｅとともに、塁壁Ｄの北端からその背後にある岩山まで真っ直ぐ延ばす。このようにすれば、岩山から城郭への隘路は遮断される。

　この後部の稜堡に武器庫を設ける。大砲がすぐに運び出されるように、その入り口を広くとる。大砲を2つの円形防壁に若干常備し、雨風から保護するためにそれらを木のバラック等で覆う。また塁壁Ｄ上に監視のための木造小屋を建てる。穀物とからすむぎおよび種々の糧食を、岩山の傍の真っ直ぐな塁壁上に蓄える。平時には種々の必要に応じて木造の小さな建物を多数作る。戦時にはそれらを壊さずに撤去し、平時に戻ると再びそれらを組み立てる。大工はその仕方をよく心得ている。この真っ直ぐな塁壁では壕の両側にも、壕の基底より上方に、砲台と秘密の格納庫を人目につかないように設ける。そのための場所は十分にあるので、それについてよく考える。

　次に塁壁Ｄを両側の壕とともに南側の海や川まで真っ直ぐに延長する。南側に延長された塁壁の深さと大きさを、岩山側の塁壁と同じにする。この真っ直ぐな塁壁の基礎中央を円形に張り出させ、円形下部の直径を150シュー、最上部の直径を100シューにする。2つの壕と2つの出口を通る路を、この円形稜堡内の中央下部に方形状に作る。海や川からの隘路はこの円形稜堡で完全に閉ざされる。2つの壕に架かる橋の末端に、2つの家屋を設ける。真っ直ぐな壕の両側に飲

食店を均等に配置し、この壕には何も設けずにおく。

　真っ直ぐな塁壁が海や川に接する処に、円形稜堡およびそれに付帯して浜辺に降りる石の階段を設ける。また２つの壕にも海や川に対して、下部の厚さが50シューの防壁を設ける。南側の海や川および陸地に対して防衛体制を整えるには、この防壁は非常に高くなければならない。

　平和時には外側の円形壕の両側周辺に、南側から北側まで、岩山に至る真っ直ぐな壕の傍にも、家屋を円状に配置する。但し壕と家屋の間は幅25シューの通路を空けたままにしておく。家屋についても、７つの家屋を１ブロックとし、ブロック毎に通路を設けて、その通路の全ての場所から直ちに壕に行けるようにする。家屋相互の間に円状通路を設けて、これらの家屋を向かい合わせにすることもできる。各家屋の長さを50シュー、内法の幅を30シューにして、低い礎石上に木造で建て、二階ほどの高さにする。敵に利用されないように、それらの家屋を頑丈に造ることはしない。これらの家屋にこの城郭に必要で役に立つ種々の手職人たちを住まわせる。他方、君主の傍近くに仕える人たちは城郭内に住む。君主はこの城郭内に住む人たちを真剣に選ばなければならない。兵士、それも射撃の名手、大工、銅器製造職人、装蹄師、石工および火器銃砲の製造につねに必要な職人たちがそうであり、技術に優れ軍事に精通した経験豊かで賢明な人たちが、無能な人々に代わり城郭を守るようにしなければならない。

　この建造物の平面図は、図18に示される。

23. 要塞の側面図。円形ブロックＢの整備

　この城郭を平面図から立面図におこす。初めに内側のブロックＢを、上部の建築物を含めて、70シューの高さにし、最上部傾斜面の前部を、70シューより4.5シュー高くして、その厚さを25シューにする。そうすれば斜面は平らに緩やかに傾斜し、通常敵の砲撃に耐えられる。塁壁Ｄを50シューの高さに造る。岩山と海に至る真っ直ぐな塁壁も同じ高さにする。前述された稜堡と同様に、塁壁上部には挟間を作らず、そこを空いたままにする。真っ直ぐな塁壁上の中央と前述された大きな円形稜堡を通って、城郭から海まで延びる通路を設ける。この円形稜堡を過ぎると、そこから建物は低くなるが、円形稜堡までの建物を、常に地面から50シューの高さに保つ。

　一方、円形家屋Ｂはこれと違って、次のように造る。厚い控壁の間にある建物を地面上に２つの部分に分け、それら２つの高い階を上下に重ねて、各階にトンネル型天井を架ける。最上部のトンネル型天井を９シューの厚さ、中間のトンネル型天井を僅か３シューの厚さにする。中間のトンネル型天井は特別の重さに耐える必要もなく、重いものを何も支えないからである。

　イタリアの多くの家屋でなされ、また図19に示されるように、ブロックＢの厚い控壁間の各部屋の中を、高さを調整しながら木材で更に小さく仕切ることもできる。これらのトンネル型天井アーチを全て円の３分の１の形体にして、それらを40の壁体に強固に繋ぐ。窓、かまど、およびその他の目につかない箇所の作り方は、この分野に精通した工人たちがよく知っている。この円形ブロックの上部を覆わずに野天に曝したままにすれば、雨や雪がそれに穴をあけて部屋を傷める。その対策を次のようにする。最初に、トンネル型天井アーチが40の厚い控壁に架かること

第一部　邦訳

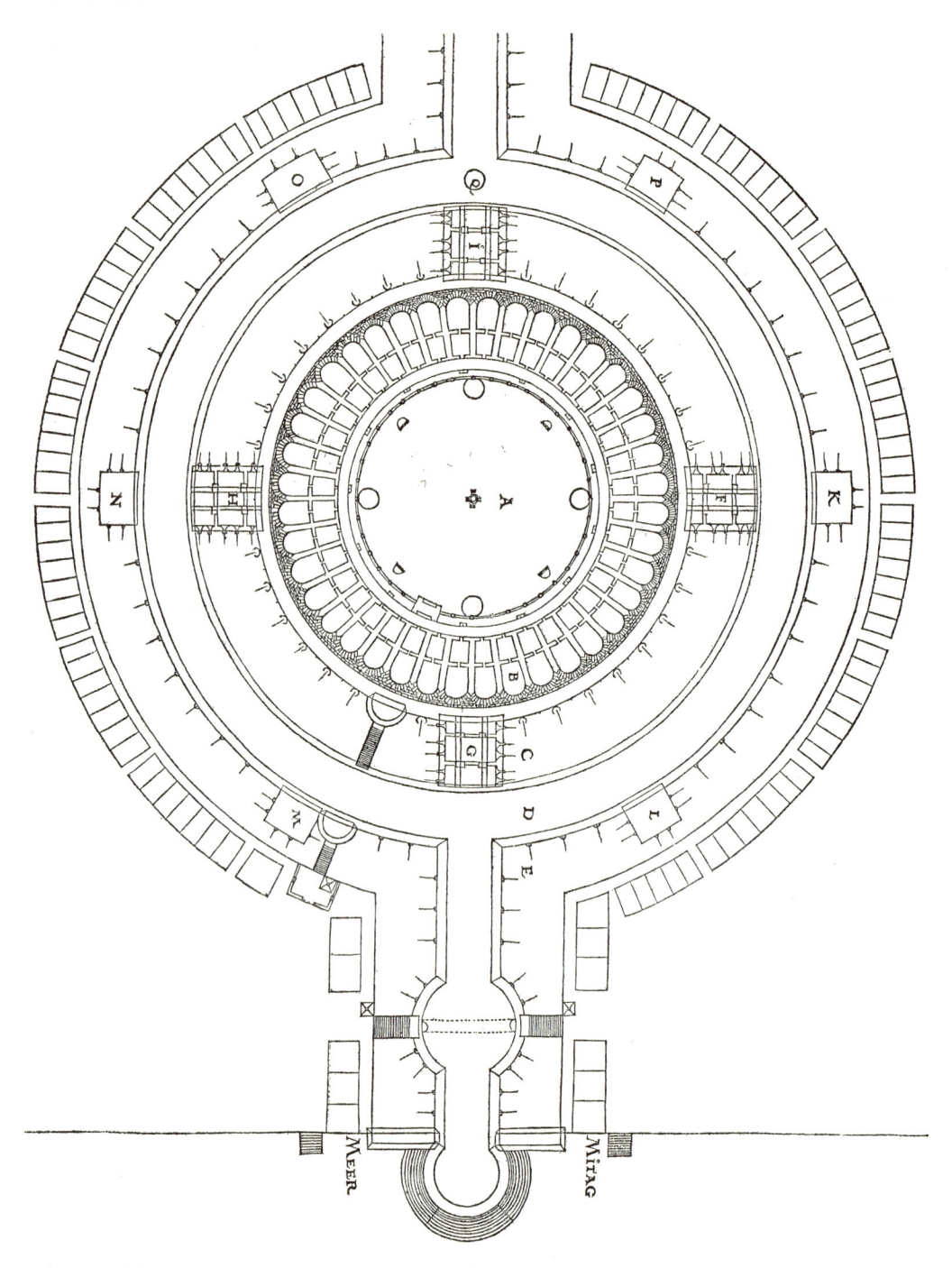

〔図18：峡谷の堅固な要塞：テキストの説明文：「南、海」〕

から生じる40の凹みについて考量する。その凹みを平らに均す低い屋根を、トンネル型天井の上に被せることが、適切な処置と言える。凹みを覆う前に、2つの傾斜する平たい板を、それらがトンネル型天井中央で接するように、各トンネル型天井の上に被せる。それにより各トンネル型天井の上部を、輔石された床のように完全に平らに均す。こうすれば各トンネル型天井は上部で

42

安全に覆われる。またこうして全ての厚い控壁の上部に、トンネル型天井の上の２つの屋根からなるなだらかな溝が生じる。その際、溝の高さを屋根の頂上部より６シュー低くする。またこれらの溝の中央を、中庭と壕に向かう両側よりも２シュー高くする。雨水が両側で容易に流れて、落ち易くするためである。屋根間の溝を、厳しい天候に耐えるように、硬い石で浅く凹んだ形に作るが、雨水が激しく溝を打つことに備えて、溝の石を二重にする。その際、上の石がつねに下の石の中央にくるようにする。その後最良のモルタルでそれらを慎重に接合する。

トンネル型天井については、厚さ半シューで一辺２シューの正方形の２つのスレートを、深さ３ツォル〔１zol≒2.54cm〕の継ぎ目で接合することによって、その屋根を作る。その際、上にくる４つのスレートの４つの継ぎ目が、下のスレートのそれと一致するようにする。それらのスレートを、使用できる最も硬い石で作る。一方の継ぎ目が他方のそれと接合されることで、スレートは全体的になめらかに傾斜する。こうすれば雨は滞りなく流れる。人為的に操作しない限り、水が山の方に昇ることはない。しかしすでに述べたように、屋根の材料として最良のものが用いられなければならず、粗悪な石灰とモルタルをこのような建物に使用してはならない。というのも、このような建物を正しい方法と立派な材料で造れば、多くの歳月を経ても、それを改修する必要はないからである。その後、屋根の背に水平に硬い角石をおき、その下部を屋根の傾斜に合わせて截断する。雨水の強さに耐えるために、これらの角石と屋根を組み合わせ、上下に重ねる。次に建物全体の屋根の溝上に、中庭から壕まで、一方の屋根の側辺から他方のそれまで、厚さと幅それぞれ４シュー、穴の深さ２シューの短い半円筒の覆いを、８つ繋いで架ける。多量の雨水はそこを通って流れる。これらの半円筒の覆いの上に、厚さ４シューの角石をのせ、屋根の背の最上部の角石と同じ高さにする。屋根の各々の側の、半円筒の覆いの上の角石と、背の上の角石との中央にある８つの角石に、厚さ２シューの石を重ねて、これらの角石と高さを同じにする。

このようにすれば雨水の流れはなにものにも妨げられない。屋根に雨が降ると、雨水は直ぐにも下に流れ落ちる。大雪が屋根に降っても、それを掻き落とせばよい。湿気から寒気とつるつるした氷が生じても、屋根はどこも毀損を蒙らない。というのも屋根に使用された石材は厚く頑丈であるからである。これらの積み重ねられた角石と屋根の頂上部の上に、頑丈な木材をおき、その上に水平に１シューおきに梁を並べる。そして全体を最終的には、全ての強力な火器がしっかりとそこにのることができ、確実に発射できるほど、分厚い床面で覆う。そして人が望めば、人の高さほどの空間のある、非常に低いこけら屋根をその上に作ることもできる。それは人ができるだけ低く身構えて銃を下に向けて撃つことができるためである。この屋根は、屋台のように容易に組み立てまた撤去できるものでなければならない。これらの建物を、雨水が屋根から流れ出る大きな管を除いて、隙間にみえる処がないように、全て壁で覆う。

この城郭の外観、断面図によって中が見られる城郭の内観、人の住む部屋、屋根のスレートと角石の左右上下の繋ぎ、火器が据えられ安定して射撃がなされる木製板の敷設、これら全てが図19に示される。

MEER

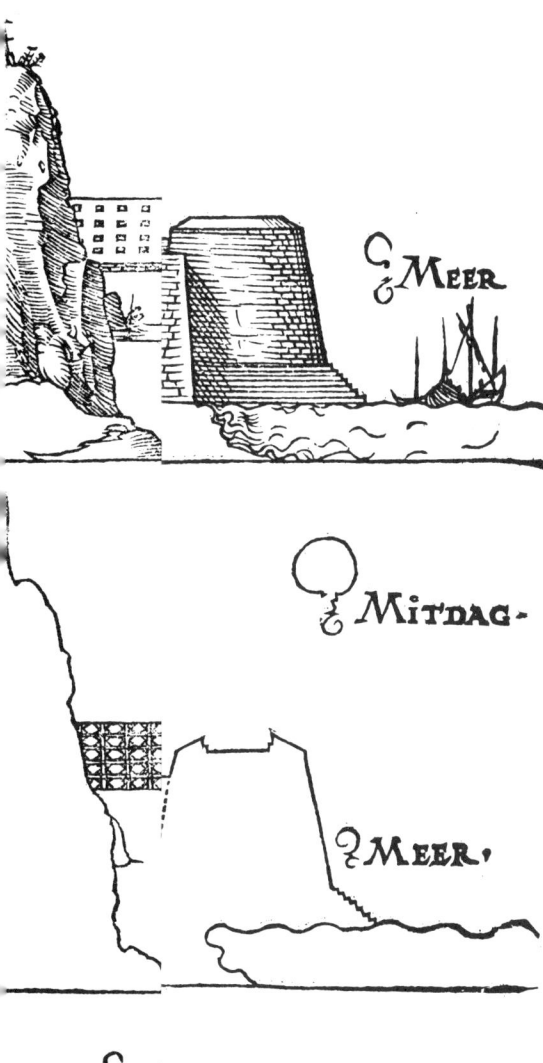

MITDAG-

MEER,

Überdacht

ロ の は 下 広 段 屋 の し 製 み

なによりも工人たちはこの建物を最も強固に基礎づけ、各部分を相互に緊密に繋ぎ合わせなければならない。ともかくも城郭の建物は恒久的に堅牢でなければならない。

このような地勢の土地はそう容易にはみつけられないと、人は言うであろう。また類似の批判もなされよう。たしかにこのような城郭の建物はたとえ多大の費用を投じても建てられないかもしれない。このような批判について、本書の初めに記されたように、大きな領土と多くの富をもつ強大な王と君主だけに、このような城郭の建物が築造できることを、私は改めて述べたい。従ってこのようなことを為すことができない領主のために、これらの城郭の建物に関することを私は記述したのではない。

城郭の建物の位置や場所が本書に示されたものと同じでなければ、地勢に応じて建物の大きさをその半分なり4分の1にすればよい。費用がそれほどかからない規模の建物を造る場合には、前に示された提案に人は従うことができる。それはともかくとして、広大な領土を安全に防衛するには、カタロニア国がフランスから強固な城郭とサルスス峡谷の要塞によって防衛されているように、峡谷の堅固な要塞と関所を必要とする。カタロニア国だけでなく他の国の防衛についても同様なことが言える。

第四章　既存都市の要塞に関する一層の強化

24. 上記強化の側面観についての記述

城郭築造に関する更に別の提案。見事な城壁と塔、ツヴィンガーおよび壕のある、立派に建築された優雅な都市の防衛が、今日の大砲に耐えるほど十分に強力でないとすれば、既存の建物を取り壊さずに、以下に示す方法で都市の防衛能力を一層高めることができる。

最初に、都市の状態が許すならば、防御上最も必要とされる都市壕（B）から700シュー〔≒210m〕離れた処に都市壕全体を取り巻いて、深さ80シュー〔≒24m〕、壕底の幅150シュー〔≒45m〕の壕（F）を造る〔文中のA–Hは図20のそれに対応する〕。壕を造るために掘り出された土は全て、壕の後方の都市側に盛られる。この壕の内岸に壁付けをする。壁の厚さを壕底の処で20シュー、上部で13シューにする。そして壁の表面を真っ直ぐにする。反対側の壁を塁壁の方に傾斜させる。壁の外面から角石を壁の傾斜面に沿って直角におく。そうすれば壁は地面に対して強い抵抗力をもつ。この壁を壕の外側の地面より高く築いてはならない。

壕を造るために掘り出された土を、この厚い壁のすぐ横から都市壕の方に400シュー〔≒120m〕の長さに渡って盛り上げる。その際、この土塁（E）をその中央で50シューの高さにする。この位置から土塁はその高さを維持しながら都市壕の方に向かう。そこでの土塁上部の幅は150シュー〔≒45m〕で、完全な平地（D）である。その平地の端に4シューの高さの小さな胸壁を

第一部　邦訳

造る。そこから都市壕の前の平地に至るまで土塁を低くしていく。胸壁の前から都市壕の方に向かって、地面は50シュー低くなる。胸壁後方の都市側の土塁に壁付けは施されない。都市壕（B）と土塁（D）の間の平地（C）の幅を100シューにする。そうすれば上記の700シューの長さの地面が、適切な大きさで各部分に区切られる。次に壕底から築かれた厚い壁（内岸）の頂上部より、200シューの長さの紐を、土塁頂上部の中央まで真っ直ぐに張る。この張られた紐に合わせて、その範囲内の地面の周囲全体を、なだらかな斜面（E）にし、その表面を硬い角石で覆い壁体にする。その際、表面が砲撃に耐えられるように、単層か上下二層で角石を平地の斜面に直角に、様々な長さで鋸歯状に差し込む。このようにすれば、全ての砲弾はこのなだらかな斜面上から、壁面を破損しないままに跳ね返される。稀にしか起こらないが、かりに角石が破損しても、その箇所は直ぐにも別の角石で置き換えられる。そこから強力な大砲で砲撃できるように、斜面の頂上部を後方の平たい土塁（D）より4シュー高くする。

　この土塁の厚い壁（内岸）の前の壕底に、200シューの間隔毎に砲台をおく。砲台の上部を前述のように開いたままにして、二重の格子で覆い、それほど高くないようにする。壕底のそれらの砲台間の中央に、上部が少し凹んだそれほど高くない別の円形の砲台（G）をおく。その上部が開き二重の格子で覆われるのは、前と同じである。これらの砲台に秘密の出入り口を備える。このような砲台は、敵の大軍が壕に侵入したとき、極めて必要であり役に立つ。土塁との往来を諸処に確保しようと思えば、出入り口に堅固なトンネル型天井を備えることである。そうすれば、出入り口の守りはそれによって強化されよう。平地にある都市の防衛のためには、以上の提案が実践されなければならない。そうすれば、都市はその全ての古い砲台とともに、この土塁によって十分に守られる。私はこの土塁と壕の断面図を、文字を付して図20に示した。

　都市の記しはAである。都市壕の記しはBである。その前の平地はCである。上の平たい土塁はDである。なだらかな長い斜面はEである。新しい壕はFである。円形砲台はGである。外に広がる平野はHである。

　勿論全ての都市や城郭がこのような土塁で囲まれる状況にあるわけではないので、最も必要な場所でそれがなされればよい。このような土塁と壕による防御工事が全ての場所で必要というわけではない。石がない処では、露出した土塁と壕を芝生で覆えばよい。私はそれについて本書の初めに述べたので、ここではそれについて記さない。だがこのような土塁は、上記のように堅固に壁付けされた土塁より、敵軍から容易に掘り崩され、その砲撃に曝され、突撃をうけ、占領され易いのである。

A

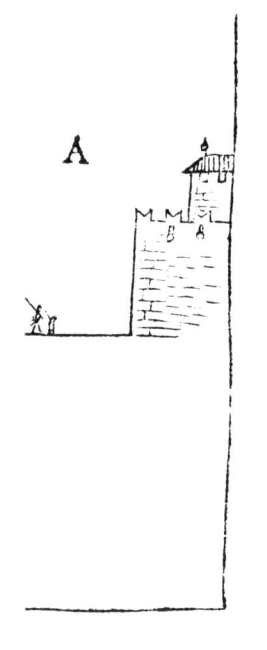

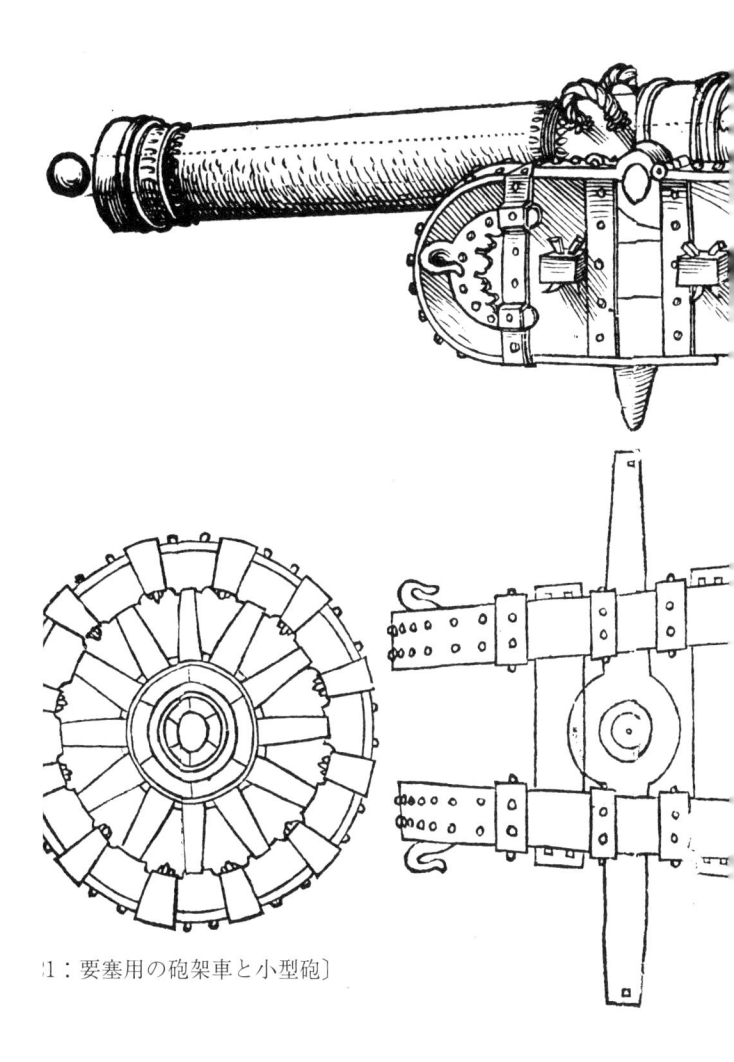

[図1：要塞用の砲架車と小型砲]

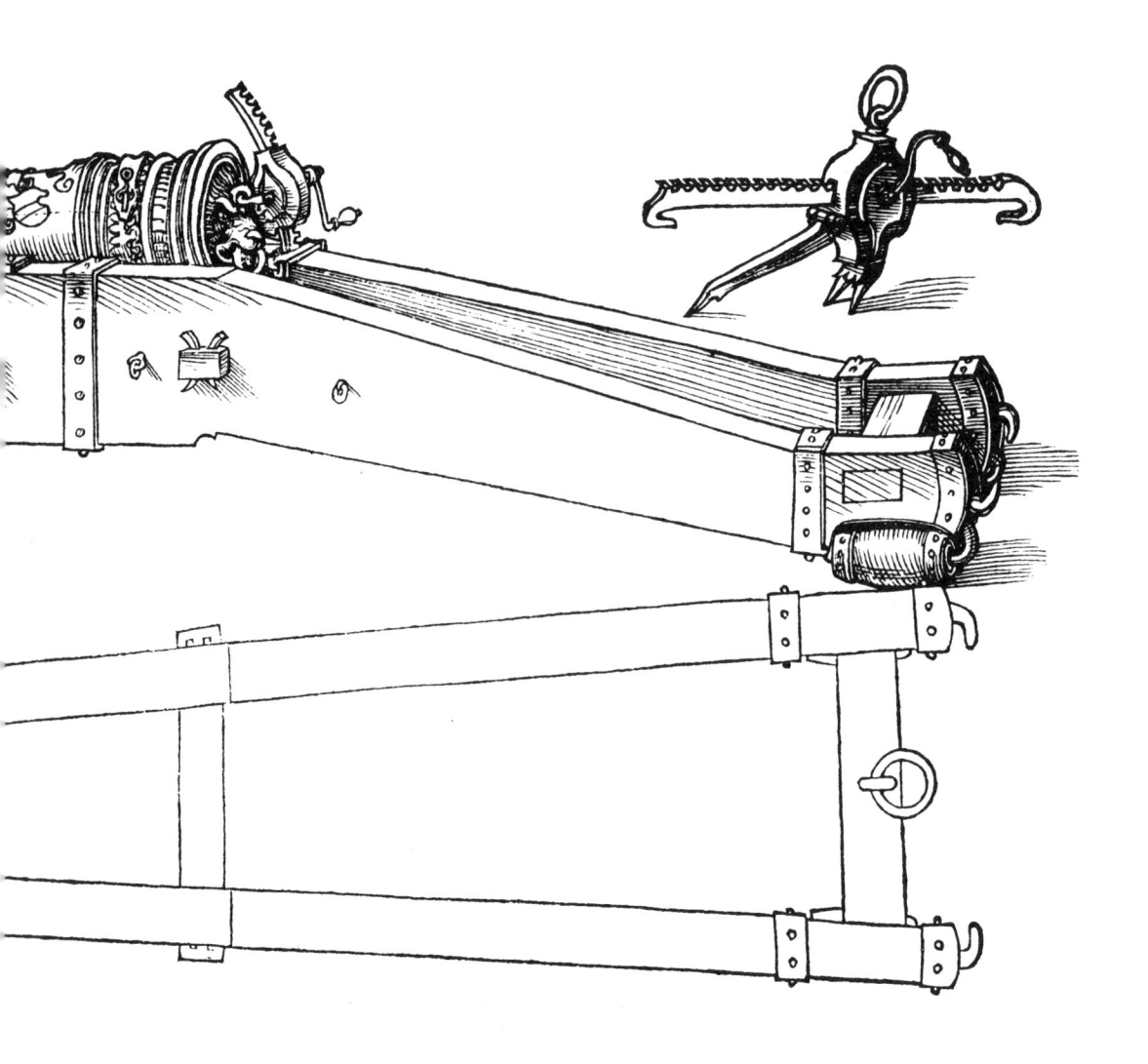

結びにおける王への挨拶

　最も慈悲深き王たる殿よ、私は以上をもって私の著述を終えたいと思います。そしてそれで陛下に私の恭順なる臣従を示したいと思います。それは、全ての点で私の提案通りにすべきであるという意見なのではありません。なぜなら私は、私の示すことのできるよりもよりよきものが考案され得ることを知っているからです。土地の状況も、同じく領主の勢力も等しいわけではありません。それで築城もあらゆる場所において同一ではあり得ません。だが前述の全ての提言から、全ての場所に役立つことのできるだけのものは、汲みとられ得るはずです。その全てをあるいは部分を使用するにしても、識者ならばそこから取捨選択することができます。更に次のことを熟考することは特に必要です。つまり、以上のように築城されるならば、その要塞は、たとえそれが奪取されるにしても敵の役には立たず、そのときもそれは味方を守ることができるということであります。それ故、このような築城を貫徹しその維持のために必要なことは、優れた大砲、戦争に必要なあらゆるもの、就中強く抵抗することのできる辛抱強い男らしい人々であります。ともかくも各々の君侯や領主は状況に応じて準備するすべを知っています。私の最も慈悲深き殿たる国王陛下に、以上の著述をもってお仕え致すべき所存であります。

　　　　　キリス生誕1527年10月、ニュルンベルクにて印刷される。

アルブレヒト・デューラー 『築城論』、
ニュルンベルク、1527年

第二部　独文テキスト

以下の独文テキスト編では次の凡例により表記する。
凡例
1．底本のテキストでドイツ文字の上に小さくｅと記された文字については、これを現代ドイツ語のウムラウト表記とした。例：uの上に小さくｅと記された文字 → ü
2．底本のテキストでドイツ文字の上に小さく○と記された文字については、○を省略して下の文字だけ現代表記法で表記した。例：å → a
3．底本のテキストでszと記された文字はこれをßに変えた。例：reysz → reyß

Etliche vnderricht / zu befestigung der Stett / Schloß / vnd flecken.

　Dem durchleuchtigisten großmechtigen Fürsten vnd herren / herrn Ferdinanden / zu Hungern vnd Beheym Konigen / Infanten in Hispanien / Ertzhertzogen zu Osterreich / zu Burgundi / Brabant / Grafen zu Habspurg Flandernn vnnd Tyrol / Römischer Kayserlicher Maiestat vnsers aller genedigstenn herren stathalter im heyligen Reych meinem genedigsten herrenn.

　Durchleuchtigister großmechtiger Künig genedigster her/ Von wegen der genad vnnd guetthat / so mir von weilond dem aller durchleuchtigsten vnd großmechtigen Kayser Maximilian hochlöblicher gedechtniß ewer Maiestat herren vnd großvater beschehen ist / erken ich mich der selbenn nit minder dan gemelter Kayserlichen Maiestat nach meinem geringen vermügen zudienen schuldig sein / Dieweil sich nun zu dregt das E. Mt. etlich steet vnnd flecken zu befestigenn verschafft hat / bin ich verursacht meinen geringen verstandt derhalb an zuzeygen / ob E. Mt. gefellig sein wolt / etwas darauß ab zunemen / Dann ich dar für halt/ ob mein anzeygen nit an allen orten angenommenn werd / müg dannoch zum teil was nutz daraus entspringen / nit alleyn E. Mt. sonder auch andern Fürsten/ herrn / vnnd stetten / die sich geren vor gewalt vnd vnpilliger bedrangung schützen wolten / pit darauff gantz vnterteniglich. E. Mt. wölle die erzeygung diser meiner dinstparkeyt genediglich von mir annemenn vnnd mein

51

genedigster herr seyn.

E. K. Mt.

Vntertenigster

Albrecht Dürer

　Nach dem sich itzt pey unsern zeyten fil fremder sach begeben / gedunckt mich von nöten sein zu bedencken / wie befestigung gepaut / daraus sich Künig / Fürsten / Herrn / vnd Stett / verwaren möchten / nit allein das ein Christ / vor dem andern beschützet / sonder auch die lender so dem Türcken gelegen sind / sich vor des selben gewalt vnd geschoß erretten möchten. Hab ich mir für genommen / ein kleyne anzeygung zu thon / wie ein solch gepeu auff zurichten were / doch auff verpesserung der verstendigen die sich auch der krieg gebraucht / vnd der so vil gesehen / vnd erfaren haben.

　Erstlich ist mein gut bedunken / das man kein gepeu darauff man starcke geschos legeren wil / mit gestrackten oder auffrechten mauren sol auffüren / Dann so man ein stück püchsen sechse achte oder zehene daran lest geen / schlahen sich die mauer in der mitte ein/ sie seyen als dick ste wöllen / so man dann zum andern vnd dritten mal herwider kombt vnnd anklopfft / felt der last oben herauß / vnd ie schwerer der pau vnd last ist / ie ee das geschicht.

　An etlichen orten da die leut nit bey gelt sind / oder die eil vnd not das erheischt / machen sie grosse schütten/ verschrancken vnnd vergraben die / vnd weren sich kecklich darauß / das ist vast gut / Dauon wil ich aber hie nit schreiben / dann die kriegsleut wissen sölchs wol zumachen / auch erlernen es die teglich so die kriegs not dar zu dringt / wan man aber solcher gepeu nit mer bedarff / lest man sie gewonlich zerreytern / dan niemandt hat darnach acht darauff.

　Aber in eyner treflichen stat / oder achtparem schlos / da die mauern / thürn / vnd ob das sein mag gefüettert gräben vmsich haben / da sol man solche befestigung auch mauren / vnd dem anderen gepeu gemes machen / auff das so man der zu seiner zeyt nit bedarff / das die dannocht werhafft beleyben / pis zu eyner andern zeit / darumb müssen solch mauren vest gepaut werden / Vnd ob man sagen wolt es wurde vil costen / so gedenck man an die Künig in Egipten welche grossen costen an die Pyramides gelegt haben / d'doch nicht nütz gewest ist / so doch dieser costen seer nütz ist / haben die herrn vil armer leut / die man sunst mit dem almusen erhalten muß / den geb man taglon für jer arbeit so dörffen sie nit petteln / vnd werden destminder zu auffrur bewegt / Es ist auch pesser ein herr verpau ein groß gelt auff dz er beleyben müge / dann das er in eyner gehe von seinem feind vbereilet / vnnd auß seinem land vertriben würde / wie das ein iglicher geringes verstandes leichtlich abzunemen hat.

　Ob aber etlich sagen wolten / es wer nicht nott solch dick gemeuer zu machen wie solchs

52

hernach angezeygt ist / vnd man möchte geringere gepeu mit weniger costung gleich so vest pauen/ wer solchs warhafftig anzeygt / dem mag man folgen / Ich sag aber / wer für sorg vnd einfallen pauen wil / der sol noch stercker gepeu machen dann ich hernach anzeyg / dann es thut pey disem herten anklopffen / das ietz in krigs laufften vor augen ist alles not / Ich wil mich auch mit diser schrifft nit so künstlich machen / das ich die hoch geachten werckleut vnd die es for können pauen wöl leren / Aber die so solcher gepew nit genugsam vnterricht sind vnd doch zu zeyten zu pauen vberkummen / wil ich ermanen / das sie jre gepeu im auffreissen wol betrachten / Doch ist keyner verpunden mit zu folgen / sonder er mag sich seines gut bedunckens vnd gefallens prauchen.

 Wer nun pauen wil / der betracht erstlich die gelegne örter der statmauren / darauß sich am füglichsten zu weren ist / so man dann an der selben stat meer dan ein pastey bedarff / auff das man mit dem geschos zu samen reychen müge / setz man sie an die ort da man am minsten beschossen mag werden / Vnd der pau werdt gesetzt auff festen grund / es sey auff fels / lebendig ertrich oder pfäl / Vnd for der pastey herumb / werde der gefütert statgraben erweytert / das auff das wenigest zweyhundert schuch weyt / zwischen dem selben vnnd der pastey vnden in dem grund sey / so ferr es anders die gelegenheyt deß selben ortes leyden wil / vnd man mach in fünff vnd fünfftzig schuch tiff / in disen graben mach man noch ein kleinen gefütterten graben / achzehen schüch weyt / vnnd zwelff schüch tiff / zu negst vnden an der pastey / vor den streych weren zu rings herumb / von eyner seyten der statmaur an die anderen / Auff das so man in den graben fiel / nit so bald zu den schießlöchern köme / Aber die pastey soll for der statmauren ein zimliche weyten hinauß in den statgraben tretten / wie hernach volgt / Auch werd die pastey also gesetzt / das man sich zu beyden seiten so wol weren möge als für sich / kan man sie auch machen hinter sich darauß zu weren / ist destbesser / Ich red ietz von truckenen stetgraben / wo man aber diffe wasser greben mag haben / ist forteylhafftiger.

 Anfencklich werdt gerissen in eynem nidergedruckten grund / mit zweyen linien.a.c. / die form des ecks der statmauren / da hin man die pastey pauen wil. vnd da die zwo linien a.c. ein eck schliessen da setz man ein.b. / darnach schneid man das eck.b. mit einer geraden lini die drei hundert schüch lang sey / ab vnd bezeychen jre zwey end mit. d. e. vnnd also das d. b. vnd. b. e. ein gleiche leng behalten wie dz hernach auff gerissen ist / Aber so ich darnach zum paw grief / wil ich solche meynung mit einer grösseren figur dann dise zwo nachfolgend sind anzeygen.

〔Fig. 1 : "Diese lini ist lanng 300 schuch. Das eck der Statmauren."〕

Darnach werdt gerissen ein creutz lini.f.g. mitten durch die lini.d.e. vnd des ecks.b. also das d.e. vnd. f. g. vier gleich winckel schliessen / vnd das. g. stee gegen dem graben. vnd der mittel punckt der die vier winckel macht / sey. h. als dann setz man einen punckten.i. auff der lini g. h. 90 schüch weit herfür von dem.h. gegen dem.g. Darnach werde gesetzt ein zirckel mit dem eynen fuß auff die lini. f. h. in eynen punckten. k. den man finden müß / vnd mit dem anderen fües reiß man ein zirckellini. d. i. e. dise zirckellini ist im grund die ausschweyffung fornen im graben an der pasteyen. Nun sol man den hindern grund in der stat auch so tieff in den grund rechnen als fornen / wie wol man sein villeycht nit so tieff bedarff / als den grund im graben vor der lini. d. e. auff das ob dise pastey hinden vnd fornen gleich müst sein das sich einer destpas darein richten könt / mit greben vnd was dar zu not ist/ Darumb far man mit eyner fierung von der lini. d. e. gerad hindersich sechzig schüch weyt / der zweyer eck seyen. l. m. also ist die pastey vnden im grund gar mit disen linien beschlossen/ Wolt man aber das ein pastey frey solt steen / möcht man sie hinden wie fornen machen / doch dz man ein festen gang/ dem man nit abbrechen möcht auff der seyten / oder wo es am füglichsten wer/ dar zu geen ließ/ Aber ee ich weyter schreib / wil ich disen grund mit dem gefierten teyl gegen der stat durch linien wie oben beschriben auffreyssen.

〔Fig. 2 : "Das ist vnten der grund diser Pasteien. Stattmauer."〕

Nun werdt die dicken der mauren gemacht / erstlich las man die statmauren do sie an die pasteyen rüret in der dicke wie sie for ist beleyben / vnd kan man sie dem pau so sie steen beleibt / zu nutz bringen / ist des pesser / aber auff die lini. d. e. leg man in den grund ein gerade maur achtzehen schüch dick / Darnach mach man den ersten grund der runden mauren d. i. e auch achtzehen schüch dick / vnnd setz ein zirckel mit dem einen fueß in den puncten. k. mit dem andern reyß man dise maur dicke rund herumb bis an die lini. d. e. wo sie dan die zu beden seyten innen anrüret / da hin setz man. n. o. / Nach dem nem man die dicke. d. n. vnnd o. e. vnd far mit hindersich bis an die lini. l. m. also dick werden die seyten mauren / aber die hinder zwerg maur. l. m. mach man. 10. schüch dick. / Weyter mach man die creutz maur auf der lini. k.h.i. aber achtzehen schüch dick / als dann setz man noch zwo ander rund mauren hinder die eussersten / vnd mach sie ye neher zu der mitelmauren. d. e. des gleichen die leere feld dar zwischen ye dünner vnd schmeler/ Aber dise veriungung such man also / man nem die lenge auff der creutzlini. h. g. zwisch der mittel mauren. d. e. vnd des puncten. i. vnd bezeychen auff der lini. h. i. die dick der runden mauren mit eynem puncten. z. hinden aber ann der mauer. d. e. mit eynem. h. dise drey puncten. i. z. h. stech man auff ein richtscheyt / Darnach werdt gemacht ein triangel. a. b. c. vnd das das. b. ein rechter winckel sey /

vnnd c. b. ein auffrechte lini / Nachuolgend teyl man. c. b. mit fünff puncten in sechs gleiche felder / vnd laß auß allen puncten zwischen. c. b. gerad linien streichen in den puncten. a. Darnach leg man das richtscheyt oben mit dem puncten. i. an die lini. c. a.

Aber den puncten. h. leg man an die lini. a. b. vnd ruck dann das richtscheyt also hin vnd her / bis dz der punct. z. ergreyfft die negst lini die auß dem ersten puncten vnder der lini. c. a. in den puncten. a. gezogen ist / wo dann die anderen linien/ die auß der lini. c. b. in den puncten. a. gezogen / zwischen. z. h. das richtscheyt durchschneyden / da punctier man das / vnnd das alles werdt getragen in den grund / vnd man reiß die runden mauren darnach deßgleichen die felder darzwischen / auß dem puncten. k. bis an die gestrackten mauren. d. e. so veriüngen sich die mauren meysterlich / soliche figur hab ich hernach zu disem grund auffgerissen.

〔Fig. 3〕

Darnach mach man zwischen den runden mauren / auff iegliche seyten der creutz mauren h. z. mitten zwischen d. i. vnd . i. e. noch zwo streb mauren / achtzehen schüch dick/ die ziech man mit jren seyten gegen dem puncten. k. Darnach ziech man aber vier streb mauren mitten zwischen den ietz gemelten dicken mauren / vnd mach sie zwischen eynem ieglichem pogen zehen schüch dick / vnd zieg sie all gegen dem puncten. k. / Will man aber die zwickel gegen. n.o. von stercke wegen mit streb steinen auß mauren / das mag man auch thon.

Darnach mach man die mauren in den hindern firungen also / das felt zwischen den zweyen mauren. l. m. vnd . d. e. teyl man in der mit von eyn ander nach lenge / mit einer mauren zehen schüch dick. Darnach setz man noch zwo creutz mauren ein ietliche achtzehen schüch dick. auff ietlicher seyten der creutzmauren. h. k. eyne / als dann setz man noch vier creutz mauren zu beyden seyten/ mitten zwischen den dicken mauren / ein ietliche zehen schüch dick.

Auch soll man die leeren felder die zwischen dem gemeur sind / mit quader dick steynen creutzweyß oder vber ordt auß mauren / also das quadrat oder triangliche felder da zwischen beleiben. Also ist diser grund wie er auff dem fundament steen sol / in all seiner maß vnnd form nach eynem veriungten schüch auff gerissen / Darumb hab ich zu negst hernach auch auffgerissen ein lini diser schüch hundertlang / darauß ich alleding / die folgen vnd zu diser pastey gehören / messen werdt.

〔Fig. 4 u.Fig. 5〕

Furpas so man auß dem forgemachten grund wil auffpauen / vnd oben den pau ein ziehen soll man for die ober platten wie die vmfangen wirdet auch in grund legen / vnnd darinn auch anzeygen alle gemeur wie sie veriungt werden / Das werde also gemacht / man reiß zum ersten die lini. d. e. vnnd dar durch die creutz lini. f. g. vnd setz die puncten. k. h. wie vor vnnd ruck den puncten. i. auff der lini. g. h. fünffzehen schüch weyt hindersich gegenn dem. h. dann reyß man auß dem puncten. k. mit einem zirckel rund durch den verruckten puncten. i. auff beyde seyten an die lini. d. e. wo dann die krum die gestrackten lini anrürt / von dannen far man zu beden seiten hindersich mit zweyen gestrackten winckel rechten linien / fünff vnd viertzig schüch weyt / da hin setz man wider die zwen buchstaben. l. m. wie for / vnd ziech sie mit eyner linien zu samen / Also ist der ober plan oder grund vmb zogen / wie er in der lenge vnnd breyte sein soll / vnnd wirdet der pau auff der creutz lini. k. g. dreyssig schüch schmeler oben dann vnden im grund / er würdt auch auff der lini. d. e. ongeuer fünff vndreyssig schüch kürtzer dann vnden im grundt.

Wie nun die schlechten vnnd krummen mauren gleich nach dem vndern grund im veriungen recht in den obern grund ein geteylt sollen werden / das such man durch disen nachfolgenden weg der kunstlich ist. Man nem in dem nidergedruckten grund auff der creutzlini. k. h. g. alle puncten der krummen mauren dicken / vnd die weyten der felder dar zwischen / mit jren buchstaben/ vnd trage das alles auff eyn zwerchlini / wie dann der forder anfang diser lini ein. i. ist / also sey hinden jr ende. l. m. Darnach werde gerissen ein gerade auffrechte lini zu gleichen winckeln auß dem puncten . h. vbersich / so weyt man der bedarf / Vnnd man nem auß dem engern obern grunde / die lenge der creutz lini mit den puncten vnd buchstaben. i. h. vnd die lenge darhinder bis zu ende des paues zwischen. l. m. auff ein lini / vnd leg sie mit dem puncten. h. auff die auffrecht lini / die auß dem vndern puncten. h. der lini des vnderen grundes auffgezogen ist / also das sie parallel oder gleych weyt von ein ander mit der vnderen lini. i. h. vnd l. m. sey. Darnach reyß man gerad durch. i. i. hinauff an die auffrecht. h. h. da hin setz man ein. o. / Dann leg man ein richtscheyt mit dem eynen ende an den puncten. o. vnd laß das steet daran beleyben / aber das ander end für man auff alle puncten der zwerchlini. i. h. des vndern grundes / auß den allen reyß man gerad linien gegen dem puncten. o. bis an die ober parallel lini. i. h. dar durch würdet die ober lini. i. h. gleychformig geteylt gegen der vndern lini. i. h. auß disem werden alle obere mauren / vnd felder dar zwischen schmeler / dan sie vnden im grund sind/ nach ordnung zu machen / Nachfolgend leg man das richtscheydt an die zwey ende. l. m. vnd. l. m. vnnd reyß dardurch ein lini bis an die lini. o. h. dahin werde gesetzet ein punct. p. Nach dem leg man das richtscheyt mit dem eynen ort an den puncten. p. vnd laß es stet daran beleyben / mit dem andern ende für man es von punct zu puncten der vndern grund lini zwischen h. vnd. l. m. vnnd zich auß jnen allen gerad linien gegen dem puncten. p. bis an die ober zwerch lini. h. vnd. l. m. so wirdet sie auch gleich geteylt wie die vnder / vnnd wirdet doch ein itlicher teyl nach rechter maß kleyner / dann die teyl der vnderen lini sind / Nun nem man die obere lini. i. h. vnnd. l. m. vnd trage sie mit allen puncten in den obern grund auff die creutz lini/ vnd leg. h. auff. h. vnd. i. auff. i. vnd setz den puncten. l. m. darauß ziech man alle zirckel mauren/ der aller centrum ist der punct. k. so finden sich die weyten der feldt dar zwischen / auch ziech man die geraden mauren auß jren puncten / Also wirdet der ober grund veriunget vnd recht ein geteylt / Aber solches desterpas zu verstehen hab ich hernach dise figur auffgerissen.

〔Fig. 6〕

 Zu gleicherweiß wie man dise mauren / vnd feld darzwischen/ nach der seyten im obern grunde veriungt hat / also muß man im auch thon nach der lenge des grundes / Darumb reiß man die lini. d. h. e. so lang der vnder grund ist / vnd punctier darauff alle dicken der creutzweysen streb mauren / vnd die weyten d'felder darzwischen / in dem hindern gefierten teyl des grundes / vnd man reiß mitten durch die lini. d. e. durch den puncten. h. zu gleichen winckeln ein creutzlini / vnd setz oben das. k. an sein stat / Darnach nem man die lini. d. h. e. auß dem obern grund / vnd leg sie mit dem puncten. h. auff die for gerisne lini. h. k. also das sie nahend pey der vndern punctirten lini parallel oder gleich weyt mit jr sey / Dann reiß man zwo gerad linien. d. d. / e. e. vnd fort hinauß biß an die lini. h. k. dahin setz man einen puncten. A. darnach ziech man auß allen puncten der vndern lini. d. e. gerad linien gegen dem puncten A. bis an die obern lini. d. e. So nun dise kurtzere lini durch all puncten der vnderen vergleichlich geteylt ist / als dann trag man dise teyl in den obern grund / vnd mach hinden in d'ablangen fierung die dicken der creutzmauren vnd die weyten der felder darzwischen / darauß / Aber die streb mauren zwischen den runden mauren / teyl man wider gleych ein / die hohen auch oben ein wenig in die streb / vnd man mach innen am eussersten bogen die streb mauren als dick als die streb mauren im veriüngen sind worden / So man aber jre seyten zu dem puncten. k. zeucht so verkleynen sie sich recht / Die dünnen strebmauren dar zwischen/ mach man so dick als die hindern dünnen streb mauren worden sindt / Vnd man merck was ich an disem pau hinden heiß / das steet gegen der stat / Solchs alles hab ich hernach auff gerissen / wie in den zweyen figuren nach ein ander gesehen wirdet.

〔Fig. 7〕

〔Fig. 8〕

So nun diser grund auch fertig ist / als dann reiß man die eusser zargen dis obern runden grunds von newem wider auff / dar bey setz man die forgemelten buchstaben/ damit man die schieß zinnen nach jrem form auff reyssen möge / Nun teyl man die schießlöcher/ oder zinnen / zu dem gewaltigen geschütz in der eussern runden pogen mauren gleich ein / Vnd mach die erst zinnen mitten hinauß bey dem puncten. i. dann teyl man gleich ein sechs schies zinnen zwischen. d. i. vnd. i. e. vnd jr aller geng zieg man zu dem puncten. k. / Zwischen disen zinnen behelt die mauer jre dicken / auff das man sich darhinder enthalt / Wo man jr aber for stercke des außwendigen geschütz noch nit getrawen dörst / möcht man sie vnden weyter in die pastey streben lassen / Aber zu höchst bedarff sie keyner erdickerung / wie ich das hernach so ich den paw auff zeüch/ im auffreissen anzeignn wil / aber zwischen den zinnen / mach man dy prustmaur nun dreyer schuch dick / auff das man mit dem geschos hinfür müge/ vnd das das maul der püchsen für die maur hinauß gee / so wirdet die kugel von dem tunst nit falsch getriben / Dann so das maul der püchsen innerhalb der zinnen würdet abgeschossen welche wand dann dem maul neher steet / von der treibt der tunst die kugel auff die andern seyten / vnd also ist keyn gewiser schuß zu thon / Vnd auff diser lini / da sich die dünne prustwer endet / soll die schießzinnen siben schuch weyt sein / aber fornen hinauß zehen schuch / vnd die eussern eck sollen zu beden seyten mitt einem zirckelriß weg genomen werden / Aber inwendig hinden / mach man die zinnen auff das wenigst zweintzig schuch weyt / auff das man mit dem geschos auff bede seyten rucken müge.

Man mach auch noch zwenn schieß geng / fornen zweyer schuch / aber hinden zehener weyt / darin man schlenglen kün abschiessen / auff ietlicher seyten for der gestrackten mauren ende / da sie an die runde stest bey. d. e. vnd die ein maur werdt gezogen von beden schießlöchern/ itliche / zu dem puncten. k. Darnach mach man auff ietlicher seyten der gefierten mauren zwischen. l. d. vnnd. m. e. zwo schieß zinnenn / in aller maß wie sie fornen zu den hauptpüchsen in den runden mauren gemach sind / Darnach mach man hinden mitten durch die geraden mauren zwischen. l. m. auff der lini. k. h. ein schieß zinnen in aller maß wie fornen / in der runden mauren bey dez puncten. i. da hin man auch ein hauptstuck legern mög / Also das diß hinderteyl auch mit dreyen hauptstucken versehen würdet / vnd nach dem die mauer hinden dünner ist den fornen / so mach man die schieß zinnen innen fünffzehen schuch weyt.

Nach dem mach man auff ietlicher seiten neben des grössen wercks zinnen zwo kleyner schieß zinnen / also das jre mittel zwen vnd zweintzig schuch weyt von ein ander stendt darein man schlangen legert / vnd dise zinnen werden fornen gemacht dreyer schuch vnd hinden eylfer weyt / aber die prustwer zwischen den zinnen mach man dreyer schuch dick / Wen sich aber die püchsenmeyster entsetzen / so bedeck man die zinnen mit schmalen hant dicken dillen neben ein ander gelegt / vnd also gemacht / Wenn sie gerürt werden das sie prellen / vnd die schüß darauf abgend / auff das sie geschützt werden / wie man aber solchs zu rüsten soll / des gleichen das gros geschütz zu decken / will ich hernach so ich den paw auff zeuch bas an zeygen.

 Es bedunckt mich auch besser sein das auff disem paw / gar kein schießzinnen gemacht werd / sonder das man die prustwer gantz herumb füre / so hoch / das sie angeuer eynem man bis zu der gürtel reyche / vnd die mawr bey jrer dicke beleibe laß / auch das sie aussenn abgeweltzt sey / vnd die schüß darauff prellen / auch so leege / das kein schuß darauff hafften mag / Darumb ist die gerad lini besser darzu / dann dy zirckell rund / doch wele ein ietlicher herr darauß was im gefal / Auff solcher freyer pastey / mag man mit dem geschoß rucken wo hin man wil / doch wer gut das ein itliche püren jren eygnen schirm het / gefiert oder trianglich der auff redlein gestelt wurd / also das die hintersich fürsich vnd neben sich gend leichtlich vnd schnell wo hin man will gericht möchten werden / auch mag man an den gelegenen orten auff diser pestey außgemauerte greben mit stapfeln vier schuch tieff machen / darinn man for der feind geschütz sicher steen möge / Auch mag man geschutte korb setzen oder ander schutz brauchen / wie dann die erfarnen kriegs leut teglich von newem erdencken / doch hab man acht das solche ding nit vmb sich schlahen so sie getroffenn werden.

 Darnach soll man reissen die fierung zu den stigen / do sie zu beden seyten oben im paw herauß komen / auff das man zu beden seyten zwischen den stiegen vnnd der zweyer ende. l. m. noch drey schießlocher auff itlicher seyten in die gerade mawr zu den schlangen stelle / in aller form wie die nechsten bey der stigen gemacht sind. Vnnd man stell sie also das ein itliche stiegen zwischen zweyen schießlochern stehe / Es werd auch gemacht die weyten zwischen den ietz gemelten schießlochern gleich der lenge / von der stiegen eyne bis an das negst schießloch / also das sy auff itlicher seiten in gleicher weyten von ein ander gestelt werden.

 Man soll sich auch darneben auff diser pastey rüsten zu emsiger wer / mit falkanetlein hacken / vnd handgeschoß / neben dem / grossen geschoß / die weil man das selbig lette / das man stettigs gegen den feinden arbeyte / vnnd wo sy zu nahent komen / die mit gewalt ab getriben mögen werden / aber auff diser pastey werden gelegert zehen starcker haupt stuck / vnd zehen schlangen / damit man weyt reich / vnd wo man sich auff eyner solchen pastey nit kecklich weren will / zu vor so alle zugehörung vor handen ist / da wirt man sunst auch nit vil außrichten.

Auff diser pastey sind alle schieß zinnen mit ziffern von. 1. bis auff. 20. bezeychnet / da bey man merckt welcher püchsenmeyster dise oder gene zall von eyner zinnen innen hat/ so man aber kein zinnen macht / wie dann freien leuten besser ist / darff man keyner ziffern / die erst meynung mit den zinnen hab ich hernach auff gerissen.

〔Fig. 9〕

So nun die platen gründe diser pasteyen angezeygt sind / müß man furpas den paw auffzihen / Erstlich nach der seiten den an zu sehen durch die creutz lini. i. h. k. dise lini leg man zu einem vndersten grund mit allen jren puncten / die da anzeygen der krummen vnd schlechten mauren dicken / des gleichen die weitten der feld da zwischen / mit sampt den zu gehorigen buchstaben / das. i. fornen das. h in der mit / so kombt. l. m hinden in eynem puncten / Darnach zich man ein auffrechte lini auß dem puncten. h. vbersich zu gleichen winckeln / sibentzig schuch hoch / da hin setz man ein. A. so hoch zich man den paw auff / da der oberst platz solsten / Dann diser paw müß darum hoch sein / das er tieff im graben steet / er soll auch vber die statmaur auff geen das man sich allenthalben darauff beschiessen möge / es mag sich aber vrsach begeben das solche pastey höher oder niderer gemacht müß werden / Darnach nem man aus dem obersten grund die lini. i. h. l. m. mit allen jren puncten / wie sie dann auß der lengern vndern lini des grundes gezeychnet ist worden / vnnd leg sie zwerchs mitt jrem puncten. h. zu gleichen winckeln in den puncten. A. Darnach zich man gerad linien auß allen puncten der zwerch lini des vndern grundes / in alle puncten der zwerch lini des obern grundes/ also das da kum. i. auff. i. / . h. auff. h. vnd. l. m. auff. l. m. / Darauß findet man der mauren dicken / vnd weyten der felder darzwischen / wie fil sie sich oben veriungen / Aber zu den hangenden mauren / so man die im schnit nach d'seyten ansicht / soll man die stein winckelrecht hauen / gleicherweiß wie die mittel maur. d. e. durch ir leger gehauen werden / Darum sollen im auffpauen die stein / nach dem die mauren fil od'wenig hangen alle winckelrecht auff jr leger gelegt werden / so tringen sich alle dise ding in die streb / gegen d'mittel maur. d. e. diß ist gut gegen dem geschütz/ dann es kan sich die maur nit ein schlagen / Aber in den runden mauren / fornen an zu sehen / sollen die stein im hauen an der seyten gegen dem puncten k. gericht werden / auff dz sie recht in zirckel kommen / mit sampt jren creutz streb mauren / dise stein sollen im versetzen gar meysterlich in ein ander geschlossen werden / die künst reichen steinmetzen wissen das wol zu machen / darumb ist nit not dauon zu schreyben / Auch so man die zinnen machen wil / so sollen die / neun schüch hoch auff gesetzt werden / man mag auch disen pau oben mit sand beschütten / vnd den mit breyten pflaster steinen belegen / so erschelt das geschos den pau destminder / Das ist aber besser das man die pastey oben mit gefierten eichen balcken beleg / eines schuchs weyt von ein ander / dar auff zwerchs genagelt dicke dillen/ das müß alles wag recht sein/ Dann wo die reder des geschoß nit gleich in eyner höe stend/ so ist nit gewiß darauß zu schissen / auch mag sich solchs wol leiden / vnd tregt starck. Diß pruckwerck nimpt beylaufftig zwen schüch an der höhe für sich / dann so bleibt noch vberig siben schüch lenge/ zu der zinnen höhe / da hinter mag ein itlicher gerader man wol schutz haben / Aber die zinnen sollen also gemacht werden / man reyß innen die lini der fordern runden mauren noch neun schuch hoch vbersich / wie sie dann hecht/ da hin setz man eyn. z. darnach werde gesetzt ein punckt auff die zwerch lini. i. h. neunzehen schuch weyt hinter das. i. vnd reiß ein gerade lini auß dem. z. in disen punckten / also weit soll streben der zinnen maur vnden hindersich in den pau / aber oben leynet sie sich hinauß gegen dem graben / also steet sy vest / Dann thue man ein zirckel neunzehen schuch weit auff / vnd setz in mit dem eynen fueß in den puncten. z. vnd den andern innen in die lini der hangenden mauren / das ort bezeyche man mit einem. x. darin halt man den zirckel stil / vnd mit dem andern fueß reiß man auß dem. z. gegen dem. i. rund hinab / Soll aber die zinnen zweyer schuch niderer gemacht werden / auff das der zirckel zum prellen noch minder treffens hab / dz mag man wol thon / es mueß aber der zirckel zum pogen im puncten. x. versetzt werden / wie ich dz im auffreissen wil anzeygen / Will man aber die zinnen gantz flach nach dem richtscheyt absetzen wie for gemelt das mag man auch thon / welcher sich aber frey vnder dem himel an allen schutz weren wil / mag es wol thon / doch das dy brust maur bey seinen füssen vnter drey vnd zweintzig schuch nit dick sey / vnd das sie vnden in die streb hinein gemaurt werde / auch das man oben die maur gantz flach abzetz / so prellen all schüß darauff / vnd mögen nit hafften wie for gemelt/ also ist diß gepeu zu gerüst / darnach nem man dz eck. z. mit eyner kleinen zirckel lini hinweg / Aber die maur d'prustwer / for dem geschoß zwischen den zinnen/ mach man dreyer schuch hoch / also das sie einen man ongeuer bis in die gürtel reych. Dise prustwer sol auch aussen zum prellen durch die zirckel lini gemacht oder mit eyner geraden lini abgesetz werden. Wie ich aber in dem platten grund bey den schießlochern angezeygt hab / dz die mauren d'prustwer zwischen den zinnen dreyer schuch dick sollen sein / so müß sie doch hinden einen vndersatz haben / des schirms halben ob d'püchsen / das er fornen auff der mawer rue / also müß von not wegen die mawer vnden bey vier schuch dick sein /

Aber ee ich weyter gehe / so merck man for wie man den schirm machen soll. Erstlich nem man starcke zimmerhöltzer / zweintzig schuch lang / oder wie die von nöten sind / lenger od'kürtzer / vnd mach sie oben rund / die leg man zu eynem schirm neben ein ander / doch das keins das ander an rüer / vnd ein ietlichs holtz für sich selbs geng sey / man richt sie auch / das sie die weyten der zinnen neben ein ander auß füllen / doch sollen sie an keyner

61

seyten nyndert an rüeren / auf das sie gantz frey sind / vnd man leg sie fornen mit dem schweren teyl in der prustweren absatz / also / das sie fornen im auff schnellen die mawr nit anrüren / vnd das dorumb / so bald eynes oder meer getroffen oder gerürt würdet / schnell in der wag auff schnappen / vnd geen möge. Darum mach man den schirm das er leichtlich gar mit ein ander / od'ein ietliches holtz sunderlich möge auff geen / vnd leg auch fornen die schirm holtzer ein wenig tieffer dann die prustwer hoch ist / auff das sich die schüß erstlich auff der mauren absatz / wo sy rüren / abstossen / vnd dann erst auff den schirm prellen / so leidet er dest minder not. Darnach verfaß man den schirm also / man leg ain starcken runden balcken an seinen nötigen orten mit eysen beschlagen / zwerchs zwischen die zinnen / in der höhe das man mit dem haupt nit an rüer / vnd beschlag die schirm holtzer mit eysen an dem ort do sie auff der waltzen ligen / vnd versatz sy mit eyßnin ringen / die so bald vmlauffen als bald man sy rüeren mag / die sollen auch so man sie braucht mit öel geschmirt werden. Diser gefeß macht man mancherley welches am leichtesten zu geet ist das best. Doch sollen dise ding der mossen gemacht / das sy im auff prellen nit mögen hinweg gerissen werden / auch mach man ein starcke vnterstützung darhinter / so hoch fornen der balck ist / darauff der schirm ligt / auff den die holtzer von dem prellen nider schlahen damit sie niemant treffen vnd schaden thuen / man mag auch disen schirm machen / das man in hin vnd her rucke wie man will / auch mag man sich der gleichen gebrauchen bey den engen schießlocher / mit hand dicken tillen die man schmal zusamen vergat. Darum wer dise ding recht wurdt machen / der würdet sich vor fil schadens schützen / Solcher schutz ist auch zu prauchen auff freier pastey da kein zinnen gemacht wirdt.

Auch mag man hinter den zinnen hoch stapfeln machen auff das man mit geringem geschütz hacken vnd hant geschos mög vber die zinnen hinaus schiessen / darnach mach man die seyten vnd hindern zinnen gleichformig den fordern / mit der streb vnd allen dingen / nach ordenung der mawren dicken / vnd also ist das ober teyl fertig.

Die weyl aber die nottorfft erheyst / das auch vnden in die pasteyen streych vnd andere nidere wer gemacht werde / wil ich nun von dem selben schreiben / dann wie woll die gantz ausgeschutten pasteyen / vnd die nit andere wer dann allein oben haben / in die weyten dienen / so bald man aber zu schantzen anfecht / oder in den graben kompt / seind die gemelten pasteyen nit allein nichtz mer nutz / sonder mercklich schad / dann man for d'selben pastey ander streichwer nit prauchen kann / Damit nun die auch vnden zu d'wer dinen / mögen sy also gemacht werden / vnd erstlich sol d'einganck auff der erden zu forderst herum / zwischen den zweyen runden mauren / so weyt d'mag gemacht werden / diser gang sol geen zu den schießlochern der streychweren die im graben sind vnd zu anderer notorft / Der werd aber also gemacht man far auß dem grund im winckel der andern runden mauren fornen auff mit eyner auffrechten lini zehen schüch hoch / von diser lini höhe far man mit eyner zwerch lini gleich vincklich innen an die forder krummen maur / von dannen werde gefüret die mawr mit eyner auffrechten lini gerad herab in den grund / so wirdet diser ganck angefer funffzehen schüch weyt / Darnach setz man eynen zirckel mit dem eynen fuß vnden im grund mitten auff die zwerch lini / in des ganges weyten / vnd reiß mit dem andern fuß ein zirkelriß / von eyner auffrechten seyten des gangs zu der andern / so wirdet d'gang meer den zwölff schüch hoch / diser gang werde gewelbt / vnnd zu rings herum gefürt / aber durch die creutz mauren mach man die geng neun schüch hoch vnd siben weit / so kan man wol mit dem zeuch durch komen / dise gewelb schließ man allenthalben mit trifachen langen quader-stucken / gezeynt in einander / oder mit zigel gemaurt neun schüch dick / dann es muß den gantzen last tragen der darauff ligt. Wil man aber die gewelb durch die creutz mauren noch dicker schliessen / dz thue man noch mit eynem langen quader / Vnd alle die gewelb die vnden in disem pau gemacht werden / der sol keynes vnder neun schuch dick geschlossen werden / von sicherheyt wegen / dan die starcke bewegung des geschoß die darauff geschicht / wirdet mechtig sein / des gleichen der feind anklopfen /

Die gewelb aber zu den streichweren sollen starck in des vmgangs gewelb verfast werden / oder man mach hinder den gewelben d'streichweren / im gang höhere creuz gewelb / auff das aller sterckest geschlossen vnd las die tieff an den orten in die maur tretten / man merck auch dz die gewelb ob den streychweren müssen mit dem leger der steinen mawren hinein hahen / vnd man mach sy fornen inwendig zweyntzig schüch hoch / hinden aber niderer nach dez ge-heng der stein. Damit aber d'rauch so man anfecht zu schissen sein aufgang haben mög ist von nötten schlöt / vnnd vnderhalb der selben lufft locher zu machen / dann an solche kan man nit in den gewelben beleiben / welche auch der halb sambt den schlöten ein gutte weyten haben müssen darum sollen dise rauchlocher vnd schlöt / rund vnd vier schuch weyt gemacht wer-den / zu negst vnder dem gewelb der streichwer das vnderst hinaußgeen / Aber die schlöt für man rund gemawrt wie man die prunnen macht gerad durch dy gewelb so hoch oben zu d'mauren hinauß als es not ist / vnd der selb außgang soll gar starck verwaret sein / auch sol man solche rauchlocher vergittern / wie weit aber die streichwer mögen werden / vnd jr form soll sein / will ich hernach so ich den vndersten platten grund wider fur mich nim anzeygen / Nun merck man wie die stigen in disem pau gemacht sollen werden / Erstlich nem man acht so dz ertreich in der stat hoch leyt gegen dem pau sol dannoch die pastey vnder acht oder neun vnd zweintzig schuch hoch nit auffgeführt werden / Doch wie man an einem itlichen ort zu rat wirdt vnd die nottorfft erfordert / aber auß der tiffe des grabens soll alweg ein grosse höhe bis auff die pastey sein / wie ich dan von eines exempels wegen hie fornen sibentzig schuch der selben höhe zu geschriben habe / nit darum dz eben die selb höhe an allen orten gebraucht soll werden / sonder die selbig mag nach eines itlicher nottorfft furgenomen werden / Aber so in der stat das pflaster gegen der pastey / wie vor gemelt hoch ist / so bedarff man in den pau / zwischen den nechsten zweyen geraden mauren / gegen der stat auff itlicher seyten / nit me dan zwo gebrochen stigen / ob ein ander auffüren / so würdt eyne angeuerd virtzchen schuch hoch / vnd gibt eine zweintzig stapfeln / Vnd so man so hochs ertrichs auß d'stat in die pastey zugeen hat so müß man von den zweyen stigen auff bede seyten starck gewelbt genge zwischen den zweyen geraden mauren füren neun schuch hoch / vnnd fünffer weyt / bis an die seyten mauren / von dann für man drey geprochen stigen auff itlicher seyten hinnab zu den streychweren / so wirdet ein stigen bey dreizehethalben schuch hoch / darauß mach man auff einer achzehen stapfeln / will man aber ein sennfftern drit haben / so teil man der stapfel dest meer ein / oder man mach die stigen das sy in dem gang auff beden seyten / zwischen den peden geraden hind'n mauren hinab geen biß in die winckel / do mach man ein fletz funff schuch weyt / da wend man die stiegen / vnd fur sy an den seyten mauren follent hinab gegen der krummen maur vnnd man prech die stigen in der mit / vnnd mach auch ein fletz dar zwischen fünff schuch weyt ee dann die ander stigen darunder angeet / auff das sie einer wo er miß dret nit auff ein mal alle abfall / es werden auch die staffel fünff schuch lang gemacht / so weyt der gang ist / wie ich das hernach im auff gerisnenn grundt wird an zeygen / Dise stiegenn bedeck man alle mit starcken gewelben wie for beschriben ist / vnnd vnder den gewelb bogen / darauff die stiegen leyt / sol man es alles auß füllen vnnd nicht lere lassen. Aber so man oben auß der stat zu den thuren hinden in die pastey geet / mach man zwischen den thüren vnd der stiegen anfang fletze dreyer schuch weyt / auf das man zu peyden gengen rechts vnd lincks kommen möge / Will man aber die stiegen von der thür verrucken / ob man karren hinein wolt füeren / das mag man thon. Darnach teyl man die höhe von dem eingang der thür bis auff die pasteyen / mit eyner zwerch lini in der mit von ein ander / vnnd schließ vnder diser lini neben der vnderen stiegen die von der thür hinauff füert eynen starcken bogen / zweyer schuch dick / vnd sibner preyt / von eyner mauren zu der andern / Also das der hoch teyl gegen der stat an die eussersten maur streb / vnd das er vest in die bede hangeten mauren verfast werdt / vnnd maur den bogen oben auß / vnd plat zu. Darnach teyl man das vnder fletz do man zu der thür hinein geet / zwischen den zweyen hangenden mauren / mit vier puncten in fünff gleiche feld / vnd man merck den nechsten puncten pey der hangenden maur gegen der stat mit eynem. a. dareyn setz man ein zirckel mit dem eynen fueß / vnd mit dem andern reyß man den forgemelten pogen vnder dem fletz. Nach dem reyß man die zwo stiegen ob einander hinauff / die vnder auß jrem vndersten puncten / pey der thür bis in den winckel den do schleust das ober fletz des pogens / vnd die inner hanget maur / Darnach gee man wider hindersich / vnd mach die ander stigen wie die erst / abermals auff den pogen den man geschlossen hat / so kombt sie auff ein seyten ob vnd neben der vndern stiegen. Auch mach man vnder ietlicher der zweyer stiegen ein hohen vnd nidern pogen / in der mit ein pfeyler / darauff die stiegen getragen wirdt / in dise löcher mag man von der hand etwas setzen / vnd wie jch hie anzeyg wie die stiegen ob ein ander sindt / vnd doch neben ein ander / auff das ietliche jren freyen außgang hab / hindersich zu d'andern anfang / also müß man auch zwischen den stiegen eyn freyen gang beleyben lassen / zweyer schuch preyt / wer aber eynen preytern gang will haben oder machen der mag das auch thon / auff das man von eyner stiegen außgang zu der andern anfang vnbetrangt geen möge / Darumb müessen die streb pogen der stiegen / wo man jr mer machen würde / verruckt werden / vnd dise staffel mach man auch fünff schuch lang / ausserhalb der stiegen maur man es alles zu / vnnd fült es darhinder auß. Ob aber dise pastey zu ring herumb in der tieffe müesse steen / das mann auß dem grund hinauff müeste geen / so mach man noch drey pogen vnd stiegen / vnder den öbersten herab / gleychformig wie das oberteyl beschriben ist / auff das man in diser pastey auff vnd nider mög kommen. Darnach füer man mitten auff ietliche stiegen ein liecht / durch runde löcher / durch die eusserst mauer vergittert / die man durch züeg mit eysin beschlagen leden auff vnnd zu mög thon.

　Die weyl man auch das gemeuer auf pauet / sol man auch mit die einfüllung außschütten / Etlich schutens mit ertrich / aber die beste anfullung zu eynem solchen herlichen pau / macht man mit wacken / vnd geprochen steinen gros vnd klein / die von den quadern so man sie haut ab geed / das soll man gar fleissig einstecken / vnd souil möglich nicht leer lassen / vnnd den sand so von den quadern gehauen gereden / soll man gar fleissig mit kalck wasser anrüren / vnd die zu samen gesetzten ding gar wol mit vergiessen / so würdet dise einfüllung mit der zeyt vest wie ein stein. Die statmaur die neben zu peiden seyten an die pastey stost soll ein wenig nidrer sein dann der platz auff der pastey / auff das man sich allenthalben wie for gemeldet beschiesen mög solchs sicht man hernach auff gerissen.

〔Fig. 10〕

　Nun kom ich aber wider auff den nidergedruckten grund / vnnd erstlich müssen die thür die auß der stat in die pastey geen / in die selben gestelt werden hinden neben vnd ausserhalb der zweyer diinnern mauern / die do sind neben der dicken creutzmauer. k. h. i. diser thür eyne werde gemacht acht schuch hoch vnd fünff weyt / vnnd for disen thürn sollen zwen greben mit zweyen schlachprucken gemacht werden.

　Zweyerley weyß mügen die stiegen auff die pastey gefürt werden / auß tieffem grund / oder von der höhe des pflasters / Aber von disen zweyen stiegen solle auff ietliche seyten eyngang fünff schuch weyt / vnnd acht schuch hoch biß in die winckel der mauren gemacht werden. Darnach mach man die seyten stiegen hinab / auff beden orten biß zu der runden mauren / do mach man den gang zu den streychwern weyt genug / auff dz die sich werenn sollen raum haben / vnnd an den orten do es müglich ist sol man liecht auff die geng fürenn. Oder man mach die stiegen einer anderen meynung / nemlich / auff beden seyten neben den stiegen do die geng in die winckel der seyten mauren geend / für man die stiegen dreyzehen schuch tieff hinab biß in bede winckel / do laß man ein gefiert fletz fünff schuch preyt / wie in dem auffgezognen grundt for auch gemelt. Darnach werde noch an ietlicher seyten mauren die sich wenden hin für zwo stiegen gemacht / also das alweg ein gefiert fletz zwischen zweyen stiegen beleybe / Aber die staffel sollen fünff schuch lang sein / vnd man mach den gang for den stiegen fünff schuch preyt / biß man auff peden seyten zu der weyten zwischen die runden mauren kome. Dise pastey sol auch vnder der erden auß d'stat starcke gewelbte heymliche ein vnd auß geng haben / die selben einfarten sollen mit heusern bedeckt sein / auff das solchs verporgen sey / man mag auch in diser pastey vil heymlicher beheltnuß haben zu den schetzen / vnd and'n notturfften die den grossen Herrn von nötten sind. Dise geng zu den heymlichen gewelben sollen vber drey schuch nit weyt werden / aber die gewelb mach man so weyt als zwischen den mauren raum ist / vnd man mach kein gewelb vnder die mauren / dann als vil die engen geng dardurch geend / dann es sind d'andern feldt sunst genug darzu / vnd dise geng wil ich in dem nachfolgenden platten grund mit getüpfelten linien anzeygen / vnd dahin die gewelb gemacht sollen werden / wil ich im platten grund creutzlein setzen.

 Zu den streych weren aber mach man zwischen den creutz streb mauren acht gewelb / in der fodersten runden mauer / vnd laß in die gantzen weyten die do ist zwischen den strebmauren zu raum / vnd neme die auffrechten wend innen zu peden seyten mit einem flachen cirkel trum auß / gleych einem geprochnem gewelb pogen / also das der spitz oder scharpff ort gegen dem graben sey. Doch das dannoch an dem selben ort die mauer zweyer schuch dick beleyb. Dann mach man die schies löcher hindurch / wie das die notturfft zu grossem oder kleynem geschoß erfodert / vnd man reyß die eussern eck flach mit einem cirkel hin weg / auff das man auff bede seyten mög schiessen / dann innen wurdet weyten gnug die püchsen hin vnnd her zurucken / vnd man schließ die stein innen an peden wenden wie die gewelb pogen / vnd vmb das schießloch sol ein prunnen cirkel geschlossen werden / auff das die mauer in starcker streb stee / Vnd ob die schießlöcher zu starckem geschoß weyt müssen sei / so mag man von dickem holtz leden machen / mit eysen beschlagen die für thon / vnd eysen rigel dahinder legen vnd enge schießlöcher dardurch zu kleinem geschoß machen / sich daraus zubeschiessen / soliche leden enthalten das handgeschos / aber zu dem grossen geschoß müssenn die leden offen sein / aber im auffgerisnenn nachfolgeten flachen grund in der rundenn dicken mauren wirdet man finden ein gewelb pogen angezeygt / wie er ob einer ietlichen streychwer gefürt sol werden. Auch ist darin angezeygt / wo der schlöt darinn sol auffgeen / auff das der forder auffgezogen grund / vnd diser gleych mit allen dingen zusamen sagen / vnd die mauren des kleinen grabens werde also gemacht. Man reyß zum ersten die eussert lini der hangenden mauren an der pastey / in dem auff gezognem grund vnden auß dem punckt. i. hanget gestrack hinab zwelff schuch tieff / von disem punckten ziech man ein auffrechte lini wider vber sich zwelff schuch hoch / darob werde gemacht ein gesims vmb die gantzenn pastey dreyer schuch hoch / das es sich oben an die hangenden mauer leyne.

Vnd nach disem grund wil ich den pau fürsich an zusehen / auch auffreyssen / man sol auch aussen an den zinnen gute starcke kragstein zu peden orten der zinnen machen / auch mitten darzwischen einen / auff das so es not thut pretter darauff geleget mögen werdenn / auff den man steen müge etwas zupauen oder bessernn. Es wirdet auch mancherley erdacht / den absatz an der pastey for der feynt geschoß zu beschützen / etlich hohen dicke tilen auff so bald die gerürt werden / prellen sie vnd reyssen doch nit ab / dann sie hangen in eysen ringen etlich hencken zwifach nasse decken für / eines schrittes weyt für einander / oder flechten solich werck von dick gewundenem nassem heu oder stricken vnd seylen. Etlich ziehen plahen tücher oben auff der pastey herum / mit stein farb gemalt dem gemeur der pastey geleych / das sol den feynden betrieglich sein. Auch mögen grosse dicke seck mit wollen gefült vnd genetzt für gehengt werden. Ich halt aber mer darfan / das man frey beleyb / das die schützen wol treffen / oder ee vngeschossen bleyben / vnd so die feynt nahent kummen / künen sie mit feurwerck abgetriben werden / solichs vnd der geleychen wör / wissen die kriegs leut wolzumachen / dann man kan etwa den feynden mit list mer abbrechen / dann durch ander weg / so man allein darauff gedenckt / vnd manlich vnerschrocken ist / der schreck vnd forcht verwüstet in kriegen allen sig den man möcht haben. Dann man merckt das pey einem hund der von vil anderen geiagt wirdet / die weyl er fleuhet / lauffen sie jm alle nach / so er aber nit weyter kan / vnd setzt sich ernstlich zu wör / so stutzen sie all ab jm / eins teyls lauffen für / vnd wenden sich nit wider / vnd von den andern mag er sich mit gewalt peyssen. Darumb wo er sich nit zu wör gestelt hette möcht er gar zurissen sein worden.

Aber die pasteyen so vnden gewelbt sind / sollen oben mit einem leychten schindel oder zigel tach verdeckt werden / also / so man wil das solchs als pald hinweg gestossen mag werden / dann wo die pasteyen oben nit zu gedeckt werden / wurden die vndern gewelb vnd geng mit der zeyt schadhafft / vnd durch die feuchtigkeyt regens vnd schnees erfaulen / vnd also der öberst last hernach sincken.

Wer aber wil der mag auch ein solche pastey / wie oben gemelt / allein mit dem eussern gemeur vm schliessen / vnd innen mit ertrich gantz außfüllen. Auch kein gepeu darein machen /

67

das ersparet vil. Aber die streych wören müssen dan vnten im graben sunderlich mit einer auffrechten mauren die drey vnd zweytzig schuch hoch ist / vnd vier schuch dick herum gefürt werden / von einer seyten der stat mauren zu der andern / also das inwendig zu dem raum zwischen der pastey vnnd diser mauern dreyssig schuch weyt beleyb. Es sollen auch schydwent von diser mauern an die pastey gefürt werden gegen dem puncten. k. von stercke wegen / doch sollen sie alle weyte thor haben / auff das man mit dem geschoß zu rings herum kummen möge. In dise streych wören sollen durch die pastey einfarten gemacht werden. Auch sol dise streych wör oben offen sein / vnd doch innen dreyzehen schuch hoch ob dem ertrich mit holtz starck vergittert werden. Ein solich pastey mag man allzeyt oben offen lassen.

Item wo einem herren nit gelegen sein wolt die vndern streych wör / vnd in gepeu der mas wie ich die erstlich beschriben hab zumachen / von meydung wegenn des kostens so darüber gen würt / der möcht die streychwer vnden so weyt er die haben wolt in die runden wie einen weyten brunnen auff mauern lassen / vnd oben mit starcken gittern verdecken darüber das geschoß wol gefürt / vnd der rauch genugsamen außgang haben möcht.

〔Fig. 11〕

〔Fig. 12〕

Ein andre meynung ein pastey zu machen. Es werde fürgenumen das ordt der stat mauer do sie sein soll / vnd so das selb ende auff gerissen im grund gelegt würdet / dann soll ein cirkel mit dem eynen fües in das eck der stat mauer gesetzt / vnd das selb ort mit eynem. A. bezeichnet werden / Darnach werde der cirkel mit dem andern fües. 200. schuch weyt auff gethan / vnd gegen dem graben hinauß ein halbrunde cirkellini gerissen / vnnd for diser runden herumb soll der graben cirkels meys. 250. schuch weyt. for der pastey gemacht / vnd 50. schuch tieff gerad auff gemauert werden / Aber an den andern orten beleib der graben wie er for ist diese runde mauer forn an der pastey werde vnden im graben. 15. schuch dick an gelegett / aber oben . 10. schuch dick / vnd die eusser lini d'mauer . höhe inn dem pau / des geleichen das leger der stein. leg man auch nach dem hohen winckelrecht darin würdet sich das gewelb / das hernach gemelt somfft tragen / Aber die inner lini der mauer stee aufrecht / vnd fon der halben cirkel mauer. werde zu beden seytten hindersich gefarn / mitt gleych dicken mauern. der runden gemes. hinder das. A. gestragttz durch die statmauer. 200. schuch lang / dann mach man von einem ende zu dem andern / ein zwerch mauer so dick man der bedarff / darmit dise pastey gar vmb zogen würdet / diser zwerch mauer zeichen sei in der mit ein. C. darnach werde auß dem punckten. A.eyn andre auffrechte halbrunde cirkelmauer gerissen. 10. schuch dick 150. schuch weyt. innen hinder d'eussern runden mauern / die solle mit starcken pfeilern / so hoch man der bedarff hinder setzt werden / dem gewelb zu steur das sie tragen hilfft / Also würdet zwischen disen zweien mauern. weit vnnd raumß genug / zu den streich weren. zu rings vmb / vnnd fon diser halbrunden cirkell mauern. werde auch von ietlichem ende beder seiten / ein gestragte mauer gefüert in gleicher dicken / bis an die stat mauer / Aber auß der stat sollen zwey grosse tor / an beden enden der hindersten zwerch mauer gestelt werden / dardurch mach man ein fartten vnder die erden zu dem streich weren / starck for gewelbt / hoch vnd weyt genüg / in diser pastey sollen vnden im graben. 15. schießlöcher geleich ein geteilt werden / vnd zu dem starcken geschos zu gericht / Es sollen auch zwischen dem grossen geschos enge schliß fenster gleich ein geteilt werden / darin man sich mit handpüchssen / od'hocken beschiessen möge / Aber innerhalb der stat mauer teil man. 10. gewelb vber zwerch geleich ein / vnnd mach sie alle gefiert / so wirdet ein seyten zwischen den gewaltigen pogen eyn wenig minder dann. 30. schuch lang / die gewaltigen pogen werden. 4. schuch dick / der stend alweg vier creützweis an ein ander / sölcher stöck sind. 9. zwischen den zweyen dicken seyten mauern / in der ersten zeil. die selben zwo mauern nemen fürsich zu jrer dicken auff beden seytten. 30. schuch / macht alles inn summa. 400. schuch / solche gefierte gewelb füer man bis an die stat mauer so vil der werden mögen / die stiegen soll man hinden. ann beden enden der zwerch mauern / vber die zwey thor stellen. die zu den streich weren gond / doch alles fermauert / so würdet kein gewelb dardurch zerrüttet / die staffeln sollen. 12. schuch lang sein / auff das man weiten genug habe an ein ander zu weichen / es soll auch ein ietliche stiegen in jrer mitten. ein fletz haben. 7. schuch preit ee die ander anget.

Dieser forbeschriben grunde werde also aufgezogen / Erstlich soll die rund forderst mauer an der pastey / auß grund des grabens. 40. schuch hoch auff gezogen werden / vnnd das halbteil for der stat mauer nidrer sein / dann das ertrich ausserhalb des grabens ist / aber innerhalb der stat mauer / soll man die zwey seiten mauern. bis zu d'höhe der pastey auff füeren / vnd nach dem eussern geheng sollen sich die mauern oben feriungen / Es soll auch die hinder zwerch mauer / disen zweien gleich hoch sein / alle der innern runden mauern gemes / die soll man auß grund des grabens. 70. schuch hoch auff füeren / in gleicher dicke / vnd soll gerad an beden seiten in die stat mauer geschlossen werden vnd daran enden / Innerhalb diser aufrechten runden mauern / soll die pastey bis ann die stat mauer auß geschüt werden / innerhalb der stat würdet die pastey ob dem ertrich. 20. schuch hoch / darunter soll man die gewelb starck schliessen / vnnd die gewaltigen pogen sollen gefüertt seyn. Aber gegen dem puncten. A. beleibet ein winckel vber zu zweien halben gewelben / gibt ein heymliche beheltnus. Die gewelb pogen sollen halb cirkelrund auß dem grund stechen / innen. 16. schuch hoch ob dem ertrich / Aber das centrum soll in dz ertrich gesetzt werden/ so geben die anfeng im grund fiereckete creutzform / der würdet einer. 8. schuch preit wie for gemelt. vnnd die gewelb sollen alle frey vnfermauert beleiben / sie sollen auch alle ein ietlichs in schlossen. runde liecht vnnd luftlöcher haben / eines. 5. schuch weit/ die man auff der pastey so es not thüt zu decke. auff das man das geschos darüber möge füern / Es sollen auch alle solche offne löcher der massen versehen werden. das sich die platz regen nit in die gewelb mögen schwemmen disen gewelben mögen an den seiten mauern fenster vnnd liecht genüg gemacht werden / Auch sol man durch die zwerch mauern zwo thür stellen/ dardurch eingeng in die gewelb sind / Solchs gepeu ist nütz zu allem dem das auff die pastey gehört / das darin zu behalten. Aber auff disen gewelben mauer man die pastey oben plat zu vnd pflaster die gantz pastey der massen. das alle regen leichtlich ablauffen / vnd es werde geordent. das man fon beden seiten der pastey auff die stat mauer möge / vnnd das alding so gemacht werde das nichtz irre / vnd die pastey soll auch in der stat. auff allen seiten mit einem flachen platten absatz verwart werden / auf. 18. schuch weit in die pastey geruckt / darauf haben die schüs wenig haftüng / vnd innen soll diser absatz for dem man. vber. 4. schuch nit hoch sein. Also das man mit dem geschos allenthalben darüber möge / vnd ob mans für gut an sehe. möchte in den pügen der gewelben / greben gemacht werden / mit staffeln. darin man dest sicherer stende / solchs mag fornen auch gepraucht werden / Also ist das hinderteil zu gericht / aber dem fordern teil der pastey. soll zwischen den zweyen runden mauern / ein küffen gewelb geschlossen werden. zu rings vmb / von einer seiten der stat mauern zu der andern / innen. 37. schuch hoch ob dem grund. vnnd. 7. schuch dick / halb cirkelrund / vnnd an den enden / do die schies löcher zu dem starcken geschos gestelt sind / sol die runden mauer. 15. schuch weit auß genummen werden / vnnd so hoch man des bedarff / auch darob auff das sterckest fergwelben / mit zweyen geprochnen cirkelrissen / auff das es seinen last geren trag./ Aber fornen für. do das schies loch hinauß geet bedarff die mauer nit fast dick sein / dann sie kan nit woll beschossen werden. Auch so die mauer dick beleib / kont man mitt dem grossen geschos / nit woll hinfür kommen / vnd auff das der rauch hinweg gee / so werde erstlich geleich vnder dem gewelb. ein rund lüft vnd einfallet liecht loch gemacht dreier schuch weit durch die dünnen mauern. Aber innen ann der dicken mauern / so weyt die auß genummen ist / far man oben vbersich mit einem halb runden cirkelloch / durch das gewelb vnd absatz / vnnd der halb cirkel soll in das küffen gewelb prünens weis starck ferschlossen werden / vnd ob noch tampf in der höhe des gewelbes beleib / so mag man mitten im gewelb. hinder einer ietlichen schießzinnen. ein rund loch hinauß füren. dreier schuch weit / die soll man alle im aufgang / wo sie von d'feint geschos herreycht mögen werden / mit waltzetten schirmen verdecken / Aber die weyten löcher bedürffen keiner bedecking / dann sie können for dem graben nit beschossen werden / doch soll mann diese löcher alle fergittern / es soll auch eben ein schießzinnen zu gericht seyn wie die ander / auch sollen hinder den kleinen schießzinnen / runde löcher / so weyt die nott sindt / durch das gewelb. aufgefürt werden / Aber der absatz am fordern teil der pastey / werde von der nidern runden mauern gefüert / bis auff die innern hohen runden mauern / gantz scheitrecht zu rings hinumb von einer seitten der stat mauern an die ander / vnnd zwischen disem absatz vnd des küffen gewelbes soll es alles fest vermauert werden / vnd das ist sunderlich zu mercken so man in der streich wer schiessen will / das kein schuß geschehe / es sey dann das das maull der püchsen für das schliß fenster hinauß gereckt werde / dann der gewaltig dampff schlüg sunft hindersich vnnd thet schaden / Also ist dise pastey zu gericht / aber was noch nötig ist daran zu bedencken / wil jch andern auch befelhen/ Diser flach absatz wie oben gemelt / mag von fleche vnnd stercke wegen alle not erleiden / auch mögen zu fridlichen zeyten die gewelb diser pastey in der stat / mit nidern leychten dachungen / die leichtlich hinweg zu werffen sind / bedegt werden.

Also wie oben geschriben stet / hab ich mein meynung. hie vnden entgegen aufgerissen / Erstlich inn die mitte den nidergetruchten grund / vnnd darob den andern auffgezognen grund / wie der forn an zusehen ist / aber im vndersten teil / ist durch den schnit. B. A. C. angezeygt / wie der pau innen gestalt sey.

〔Fig. 13〕

Wo aber yemant nit grossen kosten auff der gleychen gepeu legen wolt / der mag wol ein geringers fürnemen / vnd nemlich also / man nem für das ort der stat mauer / do man die pastey hinsetzen wöll / darzu praucht man gewönlich ein eck / vnd man laß auch die stat maur zu nutz kummen / dz sie nit werde abgebrochen / diß eck der mauer schneyd man auff pede teylen gleych ab / mit einer geraden lini hundert vnnd dreyssig schuch lang / die sey. a. b. das sey vnden im grund die leng der pastey. Nun ist fürbaß zumercken / wie disser grund sol sein. Erstlich werde gerissen ein gerade lini zu gleychen wincklen mitten durch. a. b. in den selben puncten setz man ein. k. auß diser kreutz lini werde ein recht wincklich vberlengte fierung gemacht / die sey fornen. d. e. vnd hinden. l. m. vnd wo die kreutz lini. k. d. e. anrürt / da setz man ein. h. aber hinden do sie rürt. l. m. setz man ein. n. vnd das. n. h. habe drey vnnd viertzig schuchlenge. Darnach zieh man die lini. k. h. fürsich hinauß / so lang man der bedarff / vnd setz ein zirckel mit dem einem fuse in den puncten. k. vnd reyß mit dem andern auß dem. d. in das. e. vnd wo die fürstreychet lini. k. h. durchschnitten wirdet / dahin setz man ein.

i. also ist zu vnderst im grund diß fundament gar vmbrissen. So aber der grund in der stat hoch vnd fest ist / so darff man dest weniger mit dem grund hinden vndersich farn / er sparet ein grosses. Vnd die eusser mauer vmb alle dise pastey / werde zehen schuch dick gemacht / darnach mach man ein mauer zehen schuch dick auff der lini. n. i. mer ziech man zwo mauern fornen pey. d. e. zehen schuch dick gegen dem puncten. k. an die mauer. n. i. Aber ziech man zwo mittel mauren zehen schuch dick zwischen. d. i. vnnd. i. e. alle gegen dem puncten. k. Weyter setz man ein zirckel mit dem einen fuß in den puncten. k. vnd mit dem andern reyß man zwo rund mauren dreyer schuch dick / zwischen dem eck der stat mauer / vnd der eussern pogen mauren. i. gleych eingeteylt zu peden seyten / biß an die zwerch maur. a.k.b. die sol auch zehen schuch dick gemacht werden / vnd kreußweyß durch die mauer. n. i. geen / durch den puncten. k. Darnach mach man noch vier streb maurn dreyer schuch dick / zwischen den fünff dicken mauren / die ziech man alle zu dem puncten. k. man solle aber die maurn pey dem puncten. k. nit kleiner machen / dan sie fornen an der runden mauren. d. i. e. sind / wie for angezeygt ist / sunderlich die dünnen mauren. Darumb muß ein dick steinwerck for dem puncten. k. auffgefürt werden/ dann der größt gewalt strebet daran. Nachuolgend vergitter man die hinderhalb fierung. a. b. m. l. mit fünff mauren die fünff schuch dick sind / wil man darnach kreutzmauren darein machen quaders dick / oder ploß außfüllen mit ertrich / das stee zu dem pau herrn / wie aber die stiegen sollen gemacht werden / ist for angezeygt / allein mach man in disen pau auß der stat ein stiegen hinauff / neben der kreutz mauren. n. h. auff welcher seyten man wil / der hat man genug. Vnden mach man fünff streychwör / eine zehen schuch weyt / vnd dreyzehen hoch. Nun ist diser grund zu gericht / darnach ziech man in auß dem stat graben auff / so hoch die stat maur ist / das man darüber hin mog schiessen. Man setz angeuerlich dise hohe fünffzehen schuch / vnd henck die mauer fornen auff peden seyten / vnd hinden fünffzehen schuch weyt oben in den pau / so steend alle ding fest in der streb / vnd wirdet dise pastey oben hundert schuch lang / vnd nach der zwerch auff der lini. n. i. mer dan hundert vnd zweyntzig schuch preyt. Aber mit dem hauen vnd leger d'stein gebrauch man sich d'for geschriben meynung / so fellet dz kein geschütz. Die brustwör sollen nit vber vier schuch hoch gemacht werden / aber auff dem pau mach man den absatz zu d'brustwer gantz gerad vnd flach / doch auff das wenigest achtzehen schuch dick vnnd so hoch / das die püchssen darüber reyche / es werd auch kein zinnen auff disser pastey gemacht aber die schirm sollen die püchssen bedecken / vnd fornen niderer ligen dan d'steinen absatz ist / von des ersten anprellens wegen so werden die schirm höltzer destweniger schadhafft oder hinweg geworffen. Auff diser pastey mögen siben grosser stuck püchssen gelegert werden / sich auff alle ort zu beschiessen. Dise pastey ist auch hernach auffgerissen / wie der vnderst der oberst vnd auffgezogen grund sein sol.

72

〔Fig. 14〕

〔Fig. 15〕

 So ein herr weyte vnd wolgelegne land / vnd die wal hat nach seinem willen ein fest schloß zupauen / darauß man sich in der not der feynd erweren vnd auffenthalten möge / der soll zu solchem ein gelegen ort suchen lassen / wie hernach volgt.

 Erstlich sol ein eben fruchtbar land darzu erwelt werden / vnd dise ebne sol gegen mitternacht ein hoch holtz gepirg haben / auff das zu dem pau weder an holtz noch stein kein mangel sey / auff diß gepirg sol man etliche feste warten setzen / vnnd also machen / das die feynd schwerlich darzu steygen mögen / vnd zu den warten sollen heymliche verporgne ein vnd außgeng sein. Auß disen warten kan man allenthalben in die weyten sehen / also das sich nichts regen möge / des man nit innen werd / auch mögen loeß darauff gegeben werden mit auffgereckten körben / reuchen / vnd püchssen schützen / oder feuer. Vnnd diß schloß sol gesetzt werden ein kleine meyl weyt von dem gepyrg auff der ebne gegen mitttag. Auch sol diß erwelt ort ein starck fliessend wasser vor dem schloß gegen mittag für fliessen haben / das nit abgegraben mag werden / vnd wo es müglich sol diß wasser durch alle graben mit einem lauff vmb dz gantz schloß geleytet werden / darin mag man visch ziehen. So man aber die graben trucken wil lassen / so mag man kürtzweyl darein richten / als bogen / armprust vnd püchsen schiesen / palnschlahen / thier vnd paum gärten u. Diß schloß sol gantz in die fierung gepaut werden / doch sollen die eussersten eck / yetlichs mit einer lini sechs hundert schüch lang / in form eines Diameters abgenummen werden / vnd auch ein yetlichs inners gepeu / nach seiner gepür / mer oder minder. Dise fierung sol ein grosse weyten haben / von wegen der eussern weeren / die vil fürsich nemen / darumb sol ein seyten von diser eussersten fierung / wo die eck nicht abgeschnitten werden / vngeuerlich biß in vier tausent / drey hundert schüch lenge haben.

 Dise fierung des schloß sol vber ort gesetzt werden / von der vier wind sterck wegen / auff das sich die an den ecken leychtlich abstossen. Nemlich also / von den ersten zweyen ecken / sol das eine gegen dem auffgang / das ander gegen dem nidergang gesetzt werden / darnach kummen die andern zwey ort / das eine gegen mittag / das ander zur mitternacht. Darnach werd bezeychent der auffgang vnnd nidergang mit. a. b. des gleychen mittag vnnd mitnacht. c. d. vor disem schloß herumb soll man auff ein kleine meyl wegs oder so weyt man mit einer schlangen reychen mag / kein fest noch hoch hauß lassen auffbauen / noch graben oder ander

73

weerlich ding darumb füren. Diß schloß sol nur ein groß thor / dz hoch vnd weyt sey / haben / von minder sorg vnd weniger huet wegen / solchs thor sol mitten zwischen a. c. gestelt werden / doch sol der Herr ein heymlichen verporgnen außgang haben / auff das er seins gefallens auß vnd eyn faren auch reyten möge / solcher heymlicher gang sol fleyssig zu aller zeyt sauber vnd in pau gehalten werden. Aber noch ein kleiner thor soll gemacht werden zwischen D. B. auff das man auß vnnd eyn faren auch reyten möge / zu den weeren dises schloß / sollen zwifach schütten / mit zwifachen graben zuring herumb gefürt / vnd außgefutert werden. Die thor so for einander steend / sollen nach forteyl abgesetzt vnd verruckt werden / auff das ob etwan in einer schnelle eines abgeloffen wurde / die innern vngewunnen beliben / wie das aber meysterlich sol zugericht werden / ist den künstern wissent / vnnd darumb an not douon zuschreyben. Ob den thoren sollen die schütten frey beleyben / das man darüber faren mög / auch sol alles wasser vnnd außgiessen durch die schüt / an den vier seyten / starck vergewelbt / auß geleyt werden / vnd wo das wasser in die graben außlaufft / da sol es mit prettern verwart sein / vnnd die vnreynigkeyt offt geraumbt werden / wie auch einer yetlichen treflichen stat solichs zu bedencken nutz ist.

Aber die teylung inwendig des schloß / sol also gemacht werden / in der mit sol das herlich hauß des Künigs / auff einen gefierten platz gestelt werden / des ein seyten achthundert schüch lang sey / vnd kein eck sol an diser fierung abgeschnitten werden. Wie aber ein sollich Küniglich hauß gepaut sol werden / schreybt Vitruuius der alt Römer klar / diser platz sey bezeychnet mit einem. e. ausserhalb diser fierung / werd ein zwinger herumb gefürt sechtzig schüch dick / vnd viertzig schüch hoch / sein zeychen sey ein. f. Ausserhalb des zwingers werd gemacht ein graben fünfftzig schüch tieff / vnnd sechtzig weyt / sein zeychen sey ein. g. Aber der zwinger des Küniglichen hauß / sol vier thor haben / mit vier schlag prücken / ein yetlichs / auff allen seyten in die mitte der mauren gesetzt / damit er bald / wenn er will / auff allen seyten herauß zu seinem volck mög kummen. Ob den vier thoren / mögen gemacht werden vier runde thüren / die herauß inn den graben dretten / vnden im grundt durch den Diameter hundert schüch weyt / vnd oben sibentzig / auch sollen jre mauren vnden noch als dick sein als oben / darein mag man hübsche wonung pauen. Aber das gemeuer diser thürn sol vom grund auff hundert vnd fünf vnd dreyssig schüch hoch gemacht werden / mit einem nidern dach. Aber in dem eck. a. sol ein thurn gemacht werden / zwey hundert schüch hoch / oben halb so weyt als vnden / dauon man weyt auß mag sehen / vnd ein schlag glocken darauff richten. Es sol auch diser thurn zu einem for genummen / vnd ein Capellen innen daran gepauet werden.

So nun des Künigs hauß nach der leer Vitruuij oder ander verstendiger werckleut gemacht ist / denn mach man ausserhalb desselben grabens ein gefierten platz zu ring herumb sechs hundert schüch preyt / sein zeychen sey ein. h. auff disen platz sollen wonen des Königs Ratte / diener vnd handwercker / der sol auch mit prunnen oder zisternen / wie sich das schicket / wol versorget werden. Ausserhalb des vmbgeenden gemeynen platzes / sol gemacht werden / die erste gemauert schütte / sechtzig schüch hoch ob dem erdtrich / vnd oben hundert schüch preyt / aber vnden inn der tieffen / hundert vnnd fünfftzig schüch preyt / fast außgeleynet / auff das die mauren in die streb haben / diser schüt zeychen sey. i.

Ausserhalb diser schütten / werd gemacht ein graben fünfftzig schüch tieff / vnnd oben fünfftzig schüch weyt / aber die eusser graben mauer sol gerad auff gefürt werden / des zeychen sey. k.

Darnach werd gemacht ausserhalb des grabens ein gepflasterter weg / hundert vnd fünfftzig schüch preyt / auff das man weytorfft genug mög haben / darauff etwas zuhandln / auch heuser darauff setzen / sein zeychen sey ein. l.

Ausserhalb dises platzes / setz man wider ein gemauerte schütten / in aller massen wie die innere gemacht ist / allein sol sie oben zehen schüch niderer sein dann die inner ist / der zeychen sey das. m.

In dise zwo schütten sollen in den graben. k. acht streych were gemacht werden / die von der bastey. I. an die andern auffrechten mauren des grabens rüren / ein yetliche hundert schüch preyt / die vier sollen an den vier ecken / nach dem Diameter gestelt werden / vnd die andern vier creutzweyß / zu gleychenn winckeln / mitten zwischen die vorgemelten vier streychweeren.

Darnach werden in den eussern graben. n. an die pastey. m. zwölff streychweeren gemacht / der eine hundert schüch lang in den graben trit / vnd hundert schüch preyt sey / von weytorfft wegen die sie bedürffen / auff drey ort sich auß einer yetlichen zuweeren / der soll man auff yetlicher seyten zu gleychen winckeln drey stellen / nemlich alweg auff zwey eck neben einander zwo / vnd darnach eine in der mit / einer yetlichen seyten. Damit aber dise örter im auffreyssen erkent mögen werden / hab ich sie alle bezeychent mit kleinen creutzlein / nemlich also. +.

Aber zwischen disen außtrettenden streychweeren / sollen in den zweyen schütten. i. vnd m. streychweer gemacht werden / wie die in der fordern pastey geschriben sind / vnd das all weg zwischen zweyen schießlöchern fünfftzig schüch weyt sey. Alle gewelb die vnder die erden gemacht werden / sollen lufftlöcher haben.

For diser gemauerten schüt mach man aber ein graben/ hundert vnd fünfftzig schüch weyt / vnnd fünfftziger tieff / sein zeychen sey.n. Aber dise graben sol man wol verwarette prücken machen / vnd mit den fallprücken recht versehen / vnd die außfart durch die schüt / sollen vergwelbt werden mit pogen / der einer zwölff schüch dick sey. Auff dise zwo schüt / sollen innen an einer yetlichen seyten gleych eingeteylt / drey stiegen auffgefürt werdenn / eine fünff vnd zweyntzig schüch preyt. Auff disen schütten kan man vngehindert / zu ring herumb vmb das gantz schloß kummen. Auch sollen an gelegnen ortten der eussern pastey / den wechtern nidere heußlein für vngewitter gepaut werden.

Ausserhalb des weyten grabens werd gemacht ein plate ebne / hundert vnd fünfftzig schüch preyt / der zeychen sey ein. o. ausserhalb diser ebnen werff man einen tieffen vnd fast weyten vngemauerten graben auff / vnd schütte das erdtrich gegen dem schloß / doch das man disen wal nicht zu fast hoch mach / auff disen wal mag man auch windmül oder roßmül zurichten / so man am wasser nicht malen kan. Darauff werd ein liecht zaun gesteckt / oder man mach ein meurlein quaders dick darauff / als ein prustweer / siben schüch hoch / innen mit staffeln / das man darüber herauß sehen mög / vnd außwendig sol diser graben kein höhe von erdtrich gegen dem landt haben / sein zeychen sey ein. p. Aber die prücken sol innen zwischen der schüt ein starck thor hauß haben / wol verwart. Wie man aber das steinwerck alles mauren sol / vnd hahend machen / ist hieuor in der pastey angezeygt. Auch was man von erdtrich außgrebt / das sol in die schütten geworffen werden / auff das man kein erdtrich hinweg füren dürff / so wird grosser vnkosten erspart.

Man mag auch vor den eussersten prücken noch ein kleine weer vmb die prücken füren vnd ein fallprücken darüber werffen / so man die auff zeucht / das niemandt auß noch ein mag kummen / als wenn man zu tisch sitzt / oder etwas anders fürfelt.

Wie sich aber ein großmechtiger Herr mit groß vnnd kleinem geschoß / des gleychen mit schütz vnd schirm / vnd all anderer notturfft rüsten vnd versehen mög / werden jme erfarne kriegßleut / die solches teglich prauchenn wol vnderricht geben / des gleychen sol der Herr trachten nach aller prauant / zeug vnd notturfft / auff das jm an nichten gepreche. Die stallung aber sol man machen / innen an der eussern gemauerten schüt / auff dem platz. l. da mag man on hinderung zwey tausent pfert stellenn / vnnd mit aller notturfft versehen. Auch mag man ausserhalb des weyten gefuterten grabens / auff der ebne. o. hinder dem liecht zaun ein grosse summa Kriegs volcks zu fueß legern / so man dennen hutten auffschlecht / die teglich gegen den feynden scharmitzeln / vnd auff die peut lauffen. Wo dann des Herrn stett / dem schloß nit zu weyt ligen / so mag man teglich hilff vnnd rath schicken mit volck vnnd anderer notturfft. Die wirtes heuser aber / sollen vor den thoren zu beden seyten am eussersten graben nidertrechtig von holtzwerck auff gepaut werden / die sollen kein sterck haben / auff das so die feynd darein lüffen / nicht schutz darinn hetten / vnd kein schaden darauß thetten.

 Welcher sich nun in einem solichem pau / so der mit notturfft verwaret were / nit weeren wolte / der müst niemand dann jm selbs die schuld geben / dann soliche zwifache weere ist schwerlich zu gewinnen / vnnd ob gleych die eusser gemauerte schütten / mit grossem volck / vnnd gewaltigen stürm gewinnen würde / so ist doch die inner schüt höher dann die eusser / vnd ist noch geruet. Darumb mögen die innern / wo sie manlich sind / die feynd mit gewalt wider abtreyben / dann sie haben ein grosse plössen vnnd tieffen graben zwischen jnen. Man sol auch löcher auff der eussersten schüt haben / wo man benöttigt würde / das man die püchsen darein möcht werffen / auff das der Herr nicht mit seiner eygnen weer beschediget würd. Der König sol nicht vnnütze leut in disem schloß wonen lassen / sunder geschickte / frummen / weyse / manliche / erfarne / künstreyche menner / gute handwercks leut die zum schloß düglich sind / püchsen giesser vnd gute schützen. In das Königlich schloß soll niemand gelassen werden / dann dem der König vertraut / oder das vergünt. Der König sol keinen todten cörper innerhalb der graben begraben lassen / sunder ein kirchoff machen zu nechst am gepürg gegen dem auffgang / so wirdet der praden durch den Westwind / der durchs jar zu feuchter zeyt am meysten weet / hinweg getriben. Wie aber das alles gestalt sol sein / will ich hernach auff reyssen.

〔Fig. 16〕

 So man nun innen auff den gefierten platz. h. zwischen der innern schüt vnnd ausserhalb des künigs grabe heuser setzen wil / sol man for ordenlich betrachten / wie die zu allerley notturfft nutzlich ein geteylt werden. Nun werd gesetzt an die vier ort dises platzes. h. die vier buchstaben. A. B. C. D. zu gleicher weiß wie an dem forigen auffreissen des eussersten grabens / auff das man dapey die vier örter des auffgangs / mittags vnd jre gegenteyl kenne. Nun ist diser platz. h. wie for gemelt sechs hundert schuch preyt / vnd ein seyten an des künigs graben ist beyleufftig aussen auff einer seyten lang tausent vnnd zwölff schüch. Vmb disen graben soll man vier frey gassen lassen beleiben / ein itliche fünfftzig schüch preyt. Vnd die selben vier gassen sollen sich follent an acht orten hinauß strecken / biß an die vier seyten der schütten / also / so einer an disem graben stehet / das er zu beden seyten an die schütten vngehindert sehen möge. Darnach sol man noch vier gassen in for gemelter preyten / von den vier thoren des Königs grabens füren / biß an die vier seyten der schütten. An disen gassen enden die stöck oder pletz dar auff die heuser gsetzt werden / vnd allenthalben do dise preyte gassen an die innern schütten rüren / soll man stigen hinauff machen / eine viertzig schüch preyt / oder als preyt wie hie fornen stehet / aber do die thor steend / sol man kein stiegen auff die schütten machen. Dise seyten zwischen. A. C. nem man zum ersten für / vnd stell das thor mitten in die schüt gegen des Künigs thor vber.

Vnd Erstlich / werde gesetzt die kirchen / vnd was darzu gehört in den winckel. A. also das zwischen der schüt vnd disem stock ein gassen beleyb fünff vnd zweyntzig schuch preyt / so gewinnet der Chor fornen zwey eck / vnd zwo auff leynend linien. Von den selben eussern enden der zweyen linien / mach man hyndersich ein rechte fierung zweyhundert schuch ein yetliche seyten lang / also hat die kirchen jren form. Dann mach man zu hinderst mitten an der kirchen ein gefierten starcken nidertrechtigen glockenthurn / ein seyten von sechtzig schüch lang / des halbteyl stee in der kirchen auff zweyen starcken pfeylern / vnd der ander halbteyl heraussen. In disem thurn halten die hauß / die der kirchen / glocken vnd horen warten. Diser thurn sol ein groß portal haben / vnd do neben sol die kirchen auff yetlicher seyten noch ein thür haben. Auch sol die kirchen zu der lincken hand so man vnden hinein geet / noch ein thür haben in der mit derselben seyten mauer. Es sol auch auff diser seyten die sacristey vnder dem Chor herauß gemacht werden / fünff vnd zweyntzig schuch weyt / vnd mit sambt dem spitz den sie gegen dem Chor gewindt achtzig schuch lang / darinn mögen die kirchenzier wol behalten werden. Darnach setz man den Pfarhoff an die rechten seyten / so man vnden in die kirchen geet / auß dem selben vndersten eck / far man mit einer lini / sechtzig schuch lang hinauß / die Paralell mit der schüt sey / auß disem end ziech man ein winckel rechte lini gegen der schüt biß auff fünff vnd zweyntzig schuch weyt da zwischen. Dann ziech man aber ein winckel rechte lini biß an das eck des Chores / so beleybt zwischen der schüt kirchen vnd Pfarhoff ein gerade gassen fünff vnd zweyntzig schuch preyt / wie vor gemelt. Aber auff der yetz gezognen lini / sol man von dem eussersten eck hundert sechs vnd zweyntzig schuch weyt einen puncten setzen / vnd darauß ein winckel rechte lini biß an die kirchen maur ziehen / so beleybt zwischen der kirchen vnd des Pfarhoffs ein triangel vber / das sol des Pfarherß garten sein / das ander sey sein hauß. Darnach für man ein triangel mit einem rechten winckel auff der lincken seyten gegen der schüt / das werde aber ein garten für den Pfarher / so ist auch die sacristy verwart / also hat er herlich zuwonen. Vnd so ich die ding hernach auff reysse / damit alle ding bekant werden / wil ich einem yetlichen sein besunder zeychen geben / vnd wie dem / also allen andern. Der Chor hat sein zeychen 1. die Kirch. 2. der Thurn. 3. die Sacristey. 4. der Pfarhoff. 5. das klein Gertlein. 6. der grösser Gart. 7.

Nun sol man vor allen dingen Gießhütten ordnen / inn den grosse / kleine vnd allerley

Rotschmid werck gegossen mögen werden / damit alle die in disem schloß etwas von messing oder kupffer zu giessen haben / sie seyen was handwercks sie wöllen / inn diser hütten einer thon mögen / vnd man sol jnen an keinem andern ort hütten gestatten. Solicher hütten mach man vier / da ein seyten der selben hundert schüch lang sey in den winckel. C. von der wind wegen / die die reuch so gifftig sind hinweg treyben / dann durch das gantz jare geet der wind am meysten von dem nidergang / vnd mitnacht / vnd so gleych der Ostwind geet/ so treybt er den rauch vom schloß/ allein der Mittag wind der da selten geet / mag disen rauch inn das schloß füren / darumb bedunckt mich dise stat an dem ort zu den hütten am bequemsten sein. Aber dise vier hütten stell man allweg zwo aneinander / vnnd gegen einander vber / also das ein gassen zwischen jnen beleyb fünfftzig schüch preyt / doch das sie die schütten nicht anrüren. Darumb laß man am eck zu ring ein gassen dar zwischen / fünff vnnd zweyntzig schüch preyt / vnd die leng der zusamstossung der zweyer hütten sey Paralell gegen der lini. A. C. Diser vier hütten zeychen sey. 8. 9. 10. 11.

Darnach werde geordnet der marck für des Königs thor / das gegen der schütten thor steet / zwischen. A. C. des zeychen sey. 12. vnd man mach jn zweyhundert schüch preyt / vnd drey hundert schüch lang. Nach dem setz man zwen stöck zu heussern auff yetliche seyten des marcks / do einer zweyhundert schüch preyt / vnnd auff vierhundert vnnd sechs schüch lang sey / vnd den stock so auff der rechten hand / wann man von aussen in das schloß gehet / ligt / den teyl man erstlich inn der mit von einander / auß dem einem teyl gegen dem marckt / mach man ein Rathauß / inn der mit ein gefierten hoff / des seyten eine fünfftzig schüch lang sey / vnnd so man wil mitten in dem / einen prunnen / aber man mach keinen kram vnder das Rathauß / sunder laß es frey beleyben / des Rathauß zeychen sey. 13. Die gefengnuß der vbelthetter sol vnder dem Rathauß sein. Aber das halbteyl hinder dem Rathauß / teyl man in vier gleyche heuser / vnd mach jnen allen ein vber ort gefierten hoff so beleybet einem yetlichen hauß ein trieckt höflein / gibt jn liechts genug. Den andern stock gegen dem Rathauß vber / teyl man inn acht gleyche heuser / den macht man allen höffe zum liecht / wie den vier heusern hinder dem Rathauß / dises stocks zeychen sey ein X.

Darnach werde zwischen disen zweyen stöcken vnd der schütten. A. C. noch vier stöck gemacht / vnd man setz sie / das sie auff yetlicher seyten die zwo strassen / die von des königs graben biß an die schüt geend rüren / so haben sie auch jre mittel teylung / von der strassen der schüt thor / die biß an den marckt geet. Es sollen auch dise vier stock also gesetzt werden das ein freye straß fünfftzig schüch preyt zwischen der schüt vnd der yetzt gesetzten stöck beleybe. So sol auch ein solche preyte straß beleyben zwischen des Rathauß stock vnd des andern dargegen vber / vnd solich strassen sollen zu beden seyten an die schütten reychen zwischen. A. D. vnd. C. B. Durch dise vier stöck sol nach lengs ein gassen fünff vnd zweyntzig schüch preyt gezogen werden / aber aussen herumb ligen dise sechs stöck mit freyen preyten strassen vmbfangen / wie sich bey oder vmb einen marckt wol gezymet. Diser vier stöck zeychen ist der nechst bey dem. X. 17. vnd der ander der nechst bey dem stock. 13. ist. 18. vnd der nechst bey dem stock. 18. ist. 16. vnnd der nechst bey dem stock. 17. ist. 15. Dise zwen stöck. 17. 18. sol man einen in zweyntzig gleyche heuser teylen. Aber die zwen stöck. 15. vnd 16. sol man ein yetlichen in viertzig gleyche heuser teylen. Nun sind noch die zwey ort gegen. A. C. zuerfüllen mit heusern / bey der Kirchen / vnd Gießhütten / die mach man also / Neben den zweyen stöcken. X. vnnd. 13. setz man auff yetliche seyten vier stöck / allweg zwen stöck mit einer gassen fünff vnnd zweyntzig schüch preyt vnderzogen / die gegen den beden seytenn der schütten zwischen. A. D. vnnd C. B. durchstreych. Diser vier stöck einer wirdet lang fünffhundert vnd fünff vnd zweyntzig schüch / aber preyt achthalben vnd achtzig schüch / jr zeychen sind der nechst bey der Gießhütten. 22. der ander nechst dabey 23.

Darnach sey des nechsten zweyer stöck zeychen gegen dem stock. 13. vber des nechsten bey der kirchen. 19. des andern. 20. der yetlichen teyl man den halbteyl gegen den weyten strassen eylff gleyche heuser. Aber in der engen gassen gegen einander vber / teyl man ein yeden halben stock in zwey vnd zweyntzig heuser.

Noch beleyben zwen pletz vber / darauff man heuser setzen sol / einer bey der Kirchen / der ander bey der Gießhütten. Bey dem Pfarhoff setz man mit den ecken einen stock an die bede preyten strassen / der als lang sey / so preyt die bede stöck. 16. vnd. 18. sind / vnd mach jn preyt hundert vnd sibentzig schüch / sein zeychen sey. 21. Vnd teyl disen stock zum ersten in zwölff gleyche heuser. Darnach zerteyl man die zwey heuser an den vier ecken / ein yetlichs in der mit von einander / so gewint diser stock sechtzehen heuser / also belybt ein herrlicher platz vor der Kirchen / vnd was zu der Kirchen gehört das steet frey.

Auff der andern seyten der Gießhütten neben den zweyen stöcken / der zeychen. 15. vnd 17. vber die selbig straß stell man zwen stöck / yetlichen so preyt als die vorgemelten stöck sind vnd den nechsten bey der schüt mach man zweyhundert schüch lang / vnd teyl den in zehen gleyche heuser. Aber den andern gegen dem stöck des zeychens. 17. vber / mach man drythalb hundert schüch lang / vnnd teyl jn in zwölff gleyche heuser / so beleybt ein grosse weyttorfft zuring vmb die Gießhütten / auff das man raums genug hab / mit dem grossen geschoß auff beden seyten vor den hütten zuhandeln. Vnnd diser zweyer stöck zeychen sind dise / der nechst bey der schüt hat. 24. der ander. 25.

Nun sol man dise heuser auff dem platz also besetzen / hinden an dem Rathauß sind vier heuser / vnd in dem stock. X. gegen dem Rathauß vber acht heuser / das sind die herrn heuser. Darnach setz man in die heuser der zweyer stöck des zeychens. 17. vnd. 18. die edelleut / Aber in die heuser der zweyer stöck. 15. vnd 16. setz man die haubtleut / fendrich/ weybel vnd die fürnemsten der Kriegsknecht / auff das das thor mit jnen verwart werd / vnd allzeyt zum außziehen gerüst seyen / vnnd darumb so dise nit handel treyben / bedörffen sie nit weyte heuser.

Vmb die Kirchen in die heuser. 19. 20. 21. setz man die leut / die mit jrem handel ein stilles leben füren. Aber vmb die Gießhütten setz man in die heuser der vier stöck. 22. 23. 24. 25. die Rotschmid former / jre trechsel vnd allerley schmid handwercker / die zu der hütten vnd jren wercken dienstlich sind / also ist diser platz vom. A. zum. C. besetzt / wie er steen soll.

Nun mach man die ander seyten zwischen. C. B. was noch vber bleybt / also. Erstlich stell man acht stöck so lang der küniglich graben ist / zwischen den dreyen strassen gegen der schüt seyten. C. B. zwischen disen stöcken vnd d'schütten mach man vier gassen / eine fünff vnd zweyntzig schüch preyt / diser acht stöck zeychen sey gegen d'schüt angefangen. 26. 27. 28. 29. 30. 31. 32. 33. Aber zwischen den nechsten zweyen stöcken bey d'schüt mit jren zeychen 26. vnd. 30. laß man einen platz hundert schüch preyt / von des raums wegen den sie bede bedörffen. Darauß mach der könig zwey grosse zeugheuser / darin das geschoß stee / auch allerley were / zeug vnd notturfft in gutter rüstung. Dise zwey heuser sollen durchauß fast starck gewelbt sein / des gleychen auch vnder der erden sol man gutte keller machen / darin das getranck wol versehen sey. Die zwey heuser sollen nit fast hoch vom gemeur sein / aber man sol rösche dachung auff sie setzen / vnd korn pöden darein machen / auff das König mit getreyd versorgt sey. Es ist auch dabey zugedencken / das ein yeder eynwoner in seinem hauß mit allerley speyß auff ein jar versehen sey. Dise zeugheuser sollen vnden wenig vnd kleine fenster haben / mit eyßnen leden wol versehen / vnnd fleyssig in hut gehalten werden. Die andern sechs stöck / nemlich die nechsten zwen bey dem graben / der zal. 29. vnd. 33. teyl man ein yetlichen in zweyntzig gleyche heuser / zwischen den zweyen stöcken / der zeychen. 28. vnnd. 32. mach man zwey bad gegen einander vber / ein yetlichs das sie zwey freye eck haben / der mann bad zeychen sey ein. m. der frawen ein. f. Die zwen stöck hinder den bedern teyl man ein yetlichen in sechs vnnd dreyssig gleyche heuser. Die zwen stöck der zal. 27. vnnd. 31. teyl man ein yetlichen viertzig gleyche heuser / darein setz man werckleut die von holtz vnd peulicher arbeyt machen. Darnach setz man ein zeughauß in dem von holtz / als zimmerwerck vnnd anders mancherley dings innen gearbeyt werd / darinnen auch holtz /

81

pretter vnd allerley wercks behalten werd / nemlich in dem winckel. B. vnd mach das vierecket / vnd zweyhundert schüch preyt / vnd nach der leng gegen dem stock des zeychens. 30. vierhundert schüch lang / aber das eck gegenn der schüt werde nach ordnung ein wenig abgeschniten. In diß hauß mach man einen hoff zwey hundert schüch lang vnd fünfftzig preyt / dises hauß zeychen sey. 34. Es ist auch zu mercken das zuring an der schüt herumb ein freye gassen sol beleyben fünff vnd zweyntzig schüch preyt außgenumen die gaß bey dem thor zwischen. A. C. welche vor beschriben ist wie preyt sie sein soll. An diß werckhauß setz man ein stock hundert schüch preyt / der biß an die straß reyche gegen dem hauß der zal. 30. den teyl man inn sechs gleyche heuser / darein setz man die werckleut die stettigs im zeughauß sein müssen / vnd darinn arbeyten / jres stocks zeychen sey. 35. Darnach setz man vier stöck neben diß werckhauß / doch das darzwischen nach leng des hauß ein gassen fünff vnd zweyntzig schüch preyt beleyb / vnd dise stöck sollen die strassen erreychen die von des Königs graben biß an die schüt der seyten. B. D. geet / so begeben sich zwischen disen vier stöcken drey gassen / ein yetliche fünff vnd zweyntzig schüch preyt / vnd diser vier stöck zeychen sey des nechsten bey der schütten. 36. darnach. 37. 38. 39. also beleybet vor dem zeughauß ein weyter platz / darauff man wol etwas schaffen kan. Nachfolgent teyl man die drey stöck / der zal. 36. 37. 38. einen yetlichen in sechtzehen gleyche heuser / aber den stock / der zal. 39. mach man inn den halbteyl gegen dem stock der zal. 38. drey lange heuser / vnd in das forder halbteyl mach man acht gleyche heuser / vnd setz in den stock der zal. 36. in die heuser gegen der schüt / die wagner / so können sie jre stangen vnd holtz an die schütten leynen / an die ander seyten des stocks setz man die satler / vnd der gleychen handwercker. In den stock. 37. gegen den satlern vber / setz man die zaummacher vnd jrs geleychen / auff der andern seyten in disem stock / setz man die pantzermacher / vnd die von solchen dingen allerley machen / in den dritten stock. 38. gegen den pantzermachern vber / setz man die sporer vnd kleine handwercker / auff der andern seyten in disem stock setz man die waffenmacher / als spieß / hellenparten / schwert vnd degen. Jtem in den stock der zal 39. setz man inn die drey langen heuser die schreyner / die müssen weytorfft haben zu jren prettern / vnd in das forder teyl in die heuser dises stocks setz man die holtz trechssel / vnd die künstlich mit muster zu machen sind. Jtem die steynmetzen söllen zu fridlichen zeytten jr steynhütten ausserhalb des schloß haben.

In die vier stöck der zal. 28. 29. 32. vnd. 33. setz der König die im darzu gefallen / also ist die seyten. C. B. auch geordnet. Was nun auff d'seyten vor des königs graben gegen d'schüt seyten. D. B. vber beleyb / das werd also geteylt / zwischen den dreyen strassen die von des Königs graben vnd thor an die schüt zwischen. D. B. geed / setz man noch acht stöck / vnd laß die geraden gassen die von dem werckhauß d'zal. 34. geen / in gleycher preyten durchstreychen / diser acht stöck zeychen sind dise / der nechst bey des Künigs graben gegen dem stock vber / der zal. 39. der sey. 40. darnach hinab gegen der schüt sey. 41. 42. 43. darnach dargegen heruber der stock bey des Künigs graben sey. 44. darnach. 45. 46. 47. dise acht stöck teyl man einen yetlichen in vier vnd zweyntzig gleyche heuser / nun besetz man die acht stöck also. In den stock. 43. gegen der schüt setz man kürschner / aber in den stock. 47. auch gegen der schüt / setz man die schüster / vnd auff der andern seyten in disem stock setz man die pfragner / aber an die kürßner setz man die do allerley leder werck arbeyten. Jtem den stock 42. in die heuser gegen dem stock. 43. vber / setz man die seyler / das sie nicht weyt auff die schüt haben / jr seyl daselbst zuspinnen vnd an sie setz man die schneyder.

Jtem gegen den pfragnern vber in den stock der zal. 46. setz man auch pfragner hin / also das jr auff beyden seyten ein gantz gassen vol seyen / dann man bedarff jr inn disem schloß wol allerley von jnen zu kauffen / vnnd hinden an sie setz man leyniweber die tüch würcken / vnd zeltmacher. Aber in die vier stöck der zal. 40. 41. 44. 45. setz der Künig nach nutz wen er wöll / vnnd gefelt es dem Künig / so mag er dise heuser auch kleyner ein teylen / oder auch grösser machen. In die zwölf eck die nechsten bey des Künigs graben der sechs stock. 29. 33. 40. 44. 54. 53. setz man zwölff wein schencken. Noch beleybt ein gefierter platz vber sechs hundert schüch lang vnnd preyt / an der seyten der schüt zwischen. D. B. darauff setz man fünff stöck / die ersten vier stöck setz man vber die straß die von des Künigs graben an die schüt geet zwischen D. B. gegen den vier vorgemachten stöcken vber der zeychen. 44. 45. 46. 47. den selben an der preyten gantz gleych / auch darumb auff das die geraden gassen von den andern die da fünff vnd zweyntzig schüch preyt sind frey durch streychen / vnnd man mach dise vier stöck ein yetlichen vierhundert schüch lang / jr zeychen sey / dem nechsten bey der schüt. 51. Darnach der andern. 50. 49. 48. aber auff den platz so vber bleybt sechshundert schüch lang / vnd hundert vnd fünfftzig schüch breyt / setz man ein stock vier hundert fünff vnd sibentzig schüch lang / vnd hundert schuch breyt / des zeychen sey. 52. Also wirdet diser stock ein freye gassen vmb sich haben / fünff vnd zweyntzig schüch breyt / auff der er frey steet / auß disem stock mach man ein speyßhauß mit einem starcken nidertrechtigen gemeur / durch auß gewelbet / vnd so lang das hauß ist / einen festen keller darunder. In disem hauß sol schmaltz / saltz / dür fleysch / vnd allerley speyß behalten werden. Es sol auch im tach pöden haben / die man beschüt mit korn / habern / gersten / weytzen / hirß / erbes / linsen / vnd der gleychen. Darnach teyl man die vier stöck der zal. 48. 49. 50. 51. ein yetlichen in zweyntzig gleyche heuser / in den stock. 51. setz man eytel platner / haubenschmid / jre schleyff vnd polier mül richt man an das wasser vor dem schloß / gegen jnen vber. In den

83

stock. 50. setz man schlosser / renn vnd stech zeug macher / vnd was dem Adel zu schimpff vnd ernst dienet. Auff der andern seyten dises stockes / setz man die pfanschmid / keßler / vnd peckschlaher. In den stock. 49. gegen den peckschlahern vber / setz man die zingiesser / vnd auff der andern seyten dises stockes setz man geschmeydmacher / nadler / vnd die mancher hand arbeyt von metall machen. Jtem des Künigs goldschmid / maler pildhauer / seydenstycker / vnd die steynmetzen setz man in die heuser des stocks. 48. Darnach hat man noch den platz zwischen des Künigs graben vnnd der schüt seyten. A. D. mit stöcken vnnd heusern zu besetzen auff disen platz setz man acht stöck in gleycher form / wie die acht stöck sind der zal. 40. 41. 42. 43. 44. 45. 46. 47. so beleybt for dem speyßhauß ein freyer platz hundert schüch breyt / vnd hundert vnd fünfftzig schüch lang / also das man raums genug for disem hauß hat allerley zu handelen. Vnnd der keller dises hauses sol eyn vnd außfart haben / die vier stöck der zal. 53. 54. 59. 60. der teyle man ein ietlichen in zweyntzig gleyche heuser / aber die zwen stöck der zal. 55. 56. in die setz man metzger penck / darinn man fleysch feyl hab / das sie gerad gegenn einander vber steend / so gewint jr ietliche zwey freye eck gegen der strassen / jr zeychen sey ein parten.

 Darnach teyl man pede stöck hinder peder metzger penck einen ietlichen in sechs vnd dreyssig kleyne gleyche heuser. Auch teyl man die halben zwen stöck der zal. 57. vnd. 58. gegen den stöcken der metzger penck vber / ietlichen in zweyntzig gleyche heuser. Jtem der Fleysch hacker schlach hauß sol man ausserhalb des schloß vnden an das wasser setzen / vnd jre heuser sollen im schloß an d'pier preuer heuser sein / wie hernach folgt. Aber d'pier preuen heuser setz man an die zwen stöck der zal. 59. vnd. 60. gegen der schüt / auff das sie jre keller vnd schenckstat da haben. Aber jre preuheuser sollen sie innerhalb des eussersten auffgeschütten graben haben / in dem winckel. D. vnnd jre vesser daselbst bichen. Die pecken sollen jre heuser haben in den zweyen stöcken der zal. 57. vnd. 58. gegen den metzger vber. Jtem die leut der man nöttig bedarff / vnd noch vngenant sind / vnd doch in jrem handel nit weyter heuser bedörffen / sol man jn die vberigen heuser setzen / doch die herlichsten leut zu nechst gegen des Künigs schloß / aber die am grabenn sitzen sollen kröm vnder jre heuser pauen / vnnd alle gewelben / den hendlern verlassen / die kröm von den reychesten als die wechßler die gold vnd silber haben / spetzerey / allerley leywat / sey den werck arbeyt / gewand vnd der gleychen / auch ein herliche apotecken / die sollen an des Künigs graben die pesten örter innen habenn. Darnach sol man die andern krömer die von allerley gattung kleiner pfenwert feyl haben eyn teylen / vnd jnen auch kleynere kröm machen / dann die herlichen gütter bedörffen / vnd an die minderen ort setzen. Die barbirer sol man auch auff den vier seyten gleych eyn teylenn. Die brotpenck setz man an die straß eine hinder dem Rathauß gegen den zweyen stöckenn vber der zal. 19. vnd. 20. die andern setz man hinden in den stock. X. gegen dem Rathauß vber an die straß gegenn den zweyen stöcken der zal. 22. vnnd. 23. Aber dise heuser sollen alle von stein gepauen werden / vnd mit guten mauren vnderschiden / auff das der Künig vnnd sein volck dester sicherer for feur seyen. Die liecht in die heuser wissen die werckmeyster wol zu ordnen. Dise heuser sind in einem schloß da man nit weyte pletz mag habenn für alle einwoner groß genug / dann sie haben nach der lengern seyten fünfftzig schuch vnd schier gefiert / aber der weniger teyl sind vnder augen preyt fünff vnnd zweyntzig schuch. So man aber mer kleiner heuser bedarff / so möcht man in einem stock die heuser spalten / vnnd auß einem zwey machen / die jr leng behielten / vnnd ein ietlich fünff vnd zweyntzig schuch preyt belibe / wer auch wonung genug / wie ich das im auffreyssen in etlichen stöcken hab angezeygt / was aber noch nötig zu betrachten ist / das wil ich andern auch zu bedencken geben / wie man die brunnen setzen sol / wil ich in dem auffreyssen dises grundes mit ringlein vnd punctlein darinnen anzeygen / also sicht man mein meynung hernach auffgerissen.

〔Fig. 17〕

 Ob ein herr in seinem land ein engen ebnen platz hette / der zwischenn dem mör oder einem grossen wasser / vnd einem gepürg oder hohen felsen lege / so der felß oder gepürg also gestalt were / das man mit keinem gewaltigen zeug darüber kummen möcht / vnd der weg zwischen dem gepürg vnd wasser were etwas eng / aber von einer grossen lenge / der möcht da hin ein feste Clausen pauenn / durch die das land an dem selben ort beschlossen wurde / weliche also zu machen wer.
 Erstlich werde gesetzt nach der leng / mitten auff disen platz ein runder hoff / neher dem felsenn oder gepürg / dan dem wasser oder mör / der durch den Diameter vier hundert schuch preyt sey / sein zeychen sey ein. A. In disen hoff mach man einen prunnen oder zistern wol verwaret / wo hin sich d'am pasten schickt. Vmb disen hoff werd gesetz ein runder stock im grund des graben hundert vnd fünfftzig schuch / vnd oben hundert vnd zehen schuch dick / wolt man aber die inner mauer im hoff nit hanget / als die eusser / sunder gerad von der gemach wegen auff füren / das möcht man thon / so wirdet der stock oben preyter dan for / vnnd das zeychen diß stocks sey ein. B. Man sol auch innen an disem gepeu zwen steinen geng einen fünfftzehen schuch preyt / ob einander gewelbet / for den gemachen auff steinen seulen zu ring herumb füren. Auch sol man an vier orten kreutzweyß gegen einander vber an den gengen vier weyte schnecken auffziehen / biß zu höchst auff den pau / also das man auß disen schnecken in alle gemach kan geen / vnd das vnder denen einer gegen mittag stee / so schicken sich die andern dest wercklicher. Darnach werde diser runde stock. B. geteylet mit

viertzig mauren / ietliche zwelff schuch dick / in viertzig gleycher vnderscheyd / die sollen alle gegen dem mittel puncten im hoff. A. gezogen werden / vnd innen hinein so dick beleyben als fornen hinauß / aber die eusserst maur sol vnden im grund fünfftzehen schuch dick sein / vnnd die inner rund maur gegen dem hoff darff vber dreyer schuch nit dick sein / dann sie leydet kein not. Aber in die vnderschiden mach man allerley wonungen / als stuben / kamern / kuchen / vnd was not ist. Vnnd die eusser rund mauer / nach dem sie in den pau hecht / sol sie innen von sterck wegen durch alle vnderschid der gemach prunnens weyß / auff vnd auff / wie man gewelb bogen schleust / halb zirckel rund gemauert werden / das steet fest / so wirdet die mauer von der hole wegen fornen hinauß ein wenig dünner / dardurch man dann die fenster stelt / das pringt der maur keinen nachteyl / dann sie kan for der eusseren wöre nit beschossen werden / wie man aber das alles mauren sol / das ist hie for gnugsam angezeygt. Aber vnden im hoff auff der erden sol ein ietlicher gemach sein sunder thür vnd eyn gang haben / alle in gleycher form. Darnach sollen an den vier orten kreutzweyß mitten zwischen den vier schnecken vier thüren gemacht / for dem gang der in dem hoff herumb geet / wie die kellers helß / gewelbt werden / das werden geng vnder die erd / zu den ställen die sollen starck gewelbet werden / vnd jr liecht in den graben haben / durch lang enge fenster / dise stallung sind die ersten gewelb vnder der erden / so man die recht ordet / mag man drey hundert pferd leychtlich stellen. Das groß thor das auß dem schloß geet / sol neben der mittag lini auff die recht hand gesetzt werden / innen mach man ein gefiert hauß / darüber aber aussen ein halb runde pastey dreyssig schuch weyt in den graben. C. vnd an dem hauß. B. sechtzig schuch lang / vnd also das dz gepeu an dem hauß. B. fünfftzehen schuch niderer sey. Wie man aber die thor mit fallprucken schoßgattern vnd andern heymlichen künsten sol machen / ist pey den erfarnen wol wissent.

 Die keller vnd speyß gewelb mach man mitten zwischen dem nidergang vnd mitnacht vnden im pau ob einander. Vnder der stallung vnd zu vnderst in graben sollen die streych wören fast starck vergewelbt zuring herumb gemacht werden / wie hernach folgt / aber vmb diß hauß werde gemacht ein graben hundert schuch weyt vnd fünfftziger tieff / des zeychen sey ein. C. Ober disen grabenn werd gesetzt ein gemaurte schütten in tieffem grund hundert schuch aber oben fünff vnd sechtzig schuch dick / der zeychen sey ein. D.

 In den graben. C. werden gemacht vier streychwör kreutzweyß gegen einander vber / also das die erst gegen dem auffgang stee / der zeychen sey ein. F. die ander gegen dem nidergang der zeychen sey ein. H. darnach die andern zwo / die ein gegen mittag / der zeychen sey ein. G. die ander gegen mitnacht / der zeychen sey ein. I. der ietliche sol von dem runden hauß. B. biß an die schütten. D. reychen / vnd eine sol hundert schuch weyt sein / auff das man mit starkem geschoß darinnen raum habe. Dise vier streychwören sollen nach der lenge des grabens in der dachung eines dritteyls weyt offen sein / also das der rauch gantz frey hinweg möge geen. Darumb sol das dach zwifach gestelt werden / vnd in der mit offen sein / wie man die gießhütten machet / die sollen auch mit eyßnen gittern verwart werden / dise vier streychwören sollen gleych eyn geteylt / ein ietliche vier starck steine pfeyler haben / die helffen zwölff starck pogen tragen / die in die mauren verfast werden / darauff die dachung gestellet würdet / wie dz im auffreyssen hernach auch angezeygt wirdet. Aber vnden in dem graben. C. in dem hauß. B. sol man zwischen den yetz gemachten vier streychwören noch zwey vnd dreyssig schieß löcher gleych herumb eyn teylenn / wie aber solchs zu machen sey / ist hie for genugsam angezeygt / aber die selben örter wil ich nach folgent im auffgerissnen grund mit geraden rißlein anzeygen.

Die puluer thunnen mag man innen in der pastey. D. in heymlichen beheltnussen haben vnnd also zu gericht / das es wo vnfall sich zu drüg / allein vbersich mög schlahenn / darumb sol das oben leyß bedeckt sein.

Auff der eussern pastey. D. gegen mitnacht sol man einen runden thurn stellenn / hundert vnd fünfftzig schüch hoch / vnd vnden dreyssig / aber oben zweyntzig schuch dick / fast von dickem gemeur / vnd wol vergrundet / vnd füre in der mitt einen engen schnecken hinauff / von disem thurn sicht man in die weyten / oder richtet ein schlach hor darauff / vnnd setz darein ein wechter. So man nit alweg am wasser kan malen / sol man wind mülen auf die pastey. D. richten / oder in den eussersten graben roß mül / aber zu frydlichen zeyten malet man ausserhalb des schloß.

Den eussersten graben mach man achtzig schuch weyt vnd fünfftzig tieff / sein zeychen sey ein. E. Darnach mach man in den graben. E. von der pastey. D. noch sechs streychwören / zwo auff den seytten der zweyer innern streychwören. F. H. vnd die andern vier darzwischen gleych eyn geteylt / der zeychen sey nemlich der ersten gegen der streychwör. F. ein. K. Darnach oben gegen mittag vnd gar hinumb. L. M. N. O. P. vnd ein ietliche werd gemacht das sie fünfftzig schuch in den graben trette / vnd an der pastey. D. sibentzig fünff schuch lang sey / vnnd das sich jre seyten zu dem mittel puncten ziehen der im hoff ist. Ober die zwen greben. C. E. mach man zwo prucken biß auff das land zu peyden seyten verdeckt damit man niemand auß oder eyn sech ziehen / vnd mach die fart starck gewelbet durch die schütte. D. vnd vber das ander thor setz man aber ein halb runde pastey / in aller größ / maß vnd form wie die inner ist. Man mag mer dann an einem ort prucken von dem hauß. B. an die pastey. D. füren / vnd dann an der innern mauren. D. stiegen / follent hin auff / machen. Ausserhalb des grabens / setz man neben die prucken gegen mittag ein thorhauß / des seyten eine fünff vnd zweyntzig schuch lang sey / auff ein steinen füßlein gering vnd nidertrechtig gepauet / vmb diß hauß vnd prucken für man ein dinn meurlein / gefiert / vnd zwölff schuch hoch fünfftzig schuch weyt von dem graben / vnd fünff vnd sibentzig schuch lang / vnd mach fornen in der mitt durch diß meurlein ein weyt thor / auff das man von der prucken gerad dardurch faren möge / aber durch die zwo seyten mauren mach man zwey kleyne thürlein / das man dardurch zu beden seyten auff den graben geen möge.

Von disem schloß sol von der eussersten pastey. D. gegen mitternacht ein gleych messige schüt gefürt werden biß hinden an den felsen / mit zweyen seyten greben / die sich mit dem runden graben. E. hinein ziehen / also wirdet der felß zu geschlossen.

Auff diser hinderen pastey / sol das zeughauß sein / vnd desselben eyngang weyt gestalt / auff das man bald mit dem zeug hinfür möge. Es sollen aber etlich geschoß stettigs auff den zweyen runden wören beleyben / die mag man for dem wetter mit pretterwerck oder andern bedecken / die wechter mögen auch auff der schüt. D. hültzene hütlein haben. Aber korn habern vnnd allerley prauant mag man behalten auff der geraden schüt zu hinderst pey dem felsen. Man mag auch zu fridlichen zeyten vil gerings gepeu zu allerley notturfft von holtzwerck machen / vnd so man sich krieges versicht / das vnzuprochen hinweg heben / vnd zu seiner zeyt wider auff richten / das wissen die zimerleut wol zumachenn. In diser gestrackten schüt / sollen zu peden seyten der zweyer greben streychwören ob dem grund des grabens gemacht werden / die heymlichen behaltnuß bedenck man auff das verporgenst zu machenn / dann man hat wol stat da zu so jm nach gesunnen wirt.

Darnach werde auch von der pastey. D. ein gerade schüt fornen gegen mittag / biß in das mör oder wasser gemacht / mit beden seyten greben / in aller tieffe vnd maß wie das hinder teyl gemacht ist gegen dem perg / aber mitten in diser geraten schüt / sol ein zirckel runde ausschweyffung im grund durch den Diameter gemacht werdenn / anderhalb hundert schuch weyt / aber zu oberst hundert schuch / vnd mitten dardurch sol die straß vber die zwen greben vnd zwifache thor gefiert werden / also wirdet an dem ort das land beschlossen / vor disem thor sol man vber die prucken an die zwen greben zwey thor heuser setzen / auch mag man wirtes heuser zu beden seyten neben die gestrackten greben gleych eyn geteylt machen / also das der grabe frey beleyb. Fornen im mör oder im wasser sol an dise gerade schütten ein runde pastey gesetzt werdenn / vnden mit einer steinen stiegen / die hinab auff den grund reyche / vnd die zwen greben die hinab zum mör oder wasser steygenn / sollen vnden mit einer maur fünfftzig schuch dick vermauert werden / vnnd so hoch das not ist / darauß kan man auch gegen dem wasser vnd lande wör richten. Zu frydlichen zeyten mag man heuser zirckel weyß vmb den runden graben auff beden seyten von mittag biß zu mitternacht füren / auch an dem geraten graben biß anden felsen / doch das ein gassen fünff vnd zweyntzig schuch preyt beleyb / zwischen dem graben vnd d'heuser / auch sol man zwischen den heusern schyd gassen machen / also / das allweg siben heuser einen stock geben / auff daß man an allen orten bald zu den graben kummen mög. Auch mag man solche heuser dargegenvber stellen / die ein zirckel gassen machen dise heuser sol man ietlichs fünfftzig schuch lang machen / vnd vnder augen dreyssig schuch preyt / sie sollen auch auff nidere steynine füßlein von holtz zweyer gaden hoch gepaut werden / on alle sterck / von der feynd wegen. In dise heuser setz man von allerley handwercken die einem solchen schloß nutz / dienstlich vnnd von nötten sind. Aber in dem rechten schloß sollen allein neben der Herrn diener wonen / die Kriegs leut darunder mögen sein gute schützen / zimmerleut / rotschmid / huffschmid / steynmetzen vnd was man stettigs pey dem zeug bedarff / in ein solichs schloß sol ein Herr mit fleyß außerlesenn / erfarne / verstentige menner die in künsten vnd kriegßlauffen wol geübet seind nemen / vnnd sich so vil man mag for vntüchtigen leuten hütten. Solches paues fürnemen hab ich hernach in einem nidergedruckten grund auffgerissen.

〔Fig. 18〕

　Nun sol das schloß auß dem grund auff gezogen werden. Erstlich mach man den innern runden stock. B. mit allem vbergepeu sibentzig schuch hoch / doch sol der forder absatz gegen den schussen hinden oder innen im pau fünffthalb schuch hoher sein / vnd sol funff vnd zweintzig schuch dick sein / so wirdet der absatz gantz flach / vnd gewinlich gegen den schüssen. Die schüt. D. werde fünfftzig schuch hoch gemacht / des gleychen die geraden schütten so an den felsen vnnd in das wasser reychen / vnnd man richt sie oben zu / wie die for beschriben pastey gantz frey an alle zinnen / die straß sol auff hohem erdtrich / ee dz sich das zum wasser hinab senckt / mitten durch die geraden pastey so von dem schloß ins wasser langet / durch die grossen runden pastey / wie for gemeldet gefürt werden / vnd von diser pastey / nach dem sich das erdtrich gegen dem wasser nider zeucht / sol sich auch der pau nider setzen / also das er alweg fünfftzig schuch ob dem erdtrich hoch beleybe. Aber das runde hauß. B. müß oben anders zu gericht werdenn / wie hernach folget / nemlich das in gepeu zwischen allen dicken mauren / sol ob dem erdtrich in zwo vnderschid geteylt werden / darauß werden zwey hohe gaden auff einander / da ein ietlichs mit einen küffen gewelb bedeck sol werden / die obersten neun schuch dick / aber die mittel gewelb nur drey schuch dick / dann sie dörffen nichts sunder leyden noch schwer tragen.

　Darnach mag man ein ietlichs ob man wil mit holtzwerck nach der höhe vnderscheyden / wie das in Welschen landen in vil heusern gemacht ist / vnd hernach in dem auffreyssen angezeyt wirdt. Diß mag man thun vnder allen gewelben ob dem erdtrich / zwischenn den auff gezognen dicken seyten mauren die zu ring herumb im schloß steend. Dise gewelb sollen alle in jrem pogen einen drytten teyl von einem zirckel haben / vnd mit jren enden auff den auffgezogenen vierzig mauren gegen einander reychen vnd getragen werden. Wie man die fenster / feurstet vnnd ander heymlikeyt sol zu pringen / wissen vnd können die verstendigen werckleut wol machen. Wie man aber diß rund hauß oben / so stettigs offen vnder dem hymel steet verwaren sol / damit der regen vnd schnee nit durch freß / vnnd schaden an den gemachen thue / mag also beschehen. Erstlich nach dem die dicken gewelb pogen zwischenn jnen auff den auffgezognen viertzig dicken maüren / viertzig lucken haben / die sich zu einem flachen nidern dachwerck schickenn / so sol man for ee man die bedeckung machet ein ietlich gewelb mit zweyen ebnen hangeten seyten gantz flach / wie ein esterich zu mauren / also das ein ietlich gewelb oben ein scharpfen rucken gewinn / so wirdet sich auff allen dicken mauren ein flache rinnen begeben / von zweyer techer seyten / die sol sechs schuch tieffer sein / dan die scharpff höhe des tachs / vnd dise rinnen sol in jrer mitt zweyer schuch höher dan sie an peyden seytenn gegenn dem hoff vnnd graben ist gemacht wordenn / auff das / das regen wasser leychtlich auff pede teyl abschieß. In dise tieffe leg man flach vnd hol außgebauen rinnen von hertem stein / der das weter leydenn möge / gefelß an einander gestossenn / die sollen zwifach auff einander gelegt werden / vnnd das alweg die ober fug mittenn auff den vndern stein kumme / das alles gar reyn verfüget / mit dem pesten zeug auff das fleyssigest vergossen.

  Aber die seyten der dachungenn belege man mit halb schuch dickenn schalen / zwifach vber einander / also das die obern schalenn im aufflegen mit den fuegen auff den vndern schalen verwechselt werdenn / vnnd das alweg vier fuegen / der obern vier schalenn auff der vndern schalen / eine ein kreutz mitten dardurch mache / vnnd man mache sie von dem hertesten stein den man haben mag / dise sollen gantz gefiert nach einer seytenn ein ietlicher zweyer schuch preyt seyn / vnnd auff das geneuest in ein ander vergattet werden / darumb sollen alle disse platte stein oder schalen an den vier seyten dreyer zol tieff einer in den andern verfeltzet werden / so man dann im vndersich hangen einen faltz auff den andern legt / so tregt das alle regen ab / dann das wasser steyget nit gen perg / man dring es dan. Aber solches sol alles mit dem pesten zeug auff ein ander gemauert werden / wie for gemelt / vnd man hüt sich in solchem gepeu for bösem kalck vnd mörter / so man solche gepeu recht vnd gut macht / darff man das in vil jaren nicht pessern. Darnach leg man oben wag recht auff die scherpffe der dachung von herten stein platte quader stuck / aber vnden mit einem winckel außgenummen der auff die scherpff der dachungen gerecht sey. Dise stück sollen im zusamenn setzen auch vber ein ander gesetzt werden / von der regen wegen. Darnach sol man vber ein ietliche rinnen diser dachung / zwerch durch den gantzen pau / von dem hoff biß gegen dem graben / acht kurtze pögen schliessen / do einer vier schuch dick vnnd preyt sey / von einer dach seyten zu den andern / vnnd das die hölen diser pögen ob den rinnen zweyer schuch hoch seyten / dardurch mag vil regen wassers fliessen. Auff dise pögen mach man steinen gefierte auffrechte stöck einen vier schuch dick / vnd so hoch als die obersten schloß stein auff allen pögen der dachung sind. Darnach für man noch acht stöck auff in gleycher höhe der forigen / do einer zweyer schuch dick sey / auff einer ietlichen seyten der dachungen / zwischen den erstgemachten stöcken vnd der schörpff der dachungen / diß alles verhindert den regen nichts abzulauffen / vnd was auff die dachung wassers felt / dz geet bald hinweg / felt aber dicker schne darauff / mag man in dannen keren / kummen aber die nassen gefrüst oder gletteyß / so kan das nichts zureyssen dann die stein sind zu dick vnd starck. Uber dise gemaurte stöck vnd höhe der decher lege man starcke zimer höltzer / vnd zwerchs darauff eins schuchs weyt von einander starcke trem / das pretter man oben mit dicken tylenn / darauff mag das aller geweltigest geschoß sicher steen / vnd on alle sorg ab geschossen werden / vnd ob man wolt / möchte man vber dz alles ein gantz nidertrechtig schindel dach machen / das vnden herumb alles offen were eins mans hoch / auff das man alle geschoß nichts dest minder darunder möcht abschiessen / vnd die decher so man wolt auff würffe wie die leden / oder leychtlich alles gar hinweg werffen möcht. Dise gepeu sollen alle vermauert werden / also das nichtz offen beleyb noch werd gesehen dann die löcher / do das wasser von den dachungen sol außfliessen / durch grosser ror.

 Wie nun diß schloß aussenn / des gleychen inwendig durch den schnit so das offen steet / nach aller seiner gelegenheyt an zusehenn ist / auch wie die gemach darinn man wonen sol eyn gepaut / vnnd da pey wie die dach stein in ein ander geschlossenn vnnd auffeinander gelegt sollen werden / vnnd auch wie der hültzen poden darauff das geschütz steet gelegert sol sein / auff das man gantz gewiß schiessen mög / hab ich alles hernach auffgerissen. Aber zu foderst müssen die werckleut disen pau auff das aller fest vergründen / vnd fleyssig ineinander verpinden / sol er anderß bestendig sein.

 Ob nun von yemand gesagt wolt werden / ein solichs gelegen ort wer nicht leycht zufinden / vnd so das gleych gefunden wurd / könt ein solich gepeu nit an grossenn kosten gepaut werdenn. Zu dem sag ich wie im anfang gemelt / das nur ein grosser mechtiger Künig oder Herr der grosse land vnd vil reychtumbs hat solch gepeu zu verpringen mag verschaffen / dann wer das nit zu thon vermag / dem ist solcher pau nit beschribenn. Ob auch die stat oder ort des gepeues nit gleych also gefunden möcht werden / wie angezeygt ist / mag das gepeu / halb oder ein vierteyl douon genummen werdenn / wil aber iemand geringer pauen / dem ist hie for auch genugsan angezeygt / wie das geschehen mag / aber grosse feste land / bedörffen auch feste Clausen / vnd eyngang / wie das land Catalonia gegen Franckreych durch das starck schloß vnd Clausen Salsus verwart ist / der gleychen auch andere land mer.

〔Fig. 19〕

Noch ein ander meynung / ob etwa ein wol erpaute zierliche stat were / die hübsch gemauert thürn / zwinger vnd gräben hette / vnd doch dem yetzigen geschütz nit starck genug were sich dauor zuenthalten / des halben sollen solche gepeu nicht zerprochen werden / dann jr ist zu helffen mit diser nachfolgenden meynung.

Erstlich werde vmb den gantzen statgraben / oder an den orten die am nötigsten sind zu befestigen gemacht ein graben siben hundert schüch fer dauon / vnd achtzig schüch tieff / vnd im grund hundert vnnd fünfftzig schüch preyt oder weyt / wo das anderst die gelegenheyt der stat erleyden wil. Das erdtrich so außgraben wirdet / werff man alles hinder den graben gegen der stat / darnach werd ein maur auff gefürt von dem grund / vnden zweyntzig vnd oben dreyzehen schüch dick / vnd das das inner teyl der mauren gerad stee / aber die eusser lini hang gegen der schüt / von diser eussern seyten der mauren sollen die quader winckel recht nach dem eussern hangen gelegt werden / so strebt die mauer starck gegen dem erdtrich / sie sol auch nicht höher auffgefürt werden dann das erdtrich ausserhalb des grabens hoch ist. Aber das außgeworffen erdtrich werd geschüttet von oben an diser dicken mauren vierhundert schüch lang hindersich gegen dem statgraben / in der mitte ob dem andern erdtrich fünfftzig schüch hoch / die selb höhe des erdtrichs werde gantz plat oben in gleycher höhe anderhalbhundert schüch preyt gegen dem statgraben gefürt / dann werd ein klein prust meurlein auff gemauert vier schüch hoch / von dann reysset das erdtrich hinab gen tal biß auff die ebne vor dem statgraben / dann das erdtrich geet vnden fünfftzig schüch weyt für das prust meurlein gegen dem statgraben. Die schüt sol gegen der stat hinder dem prust meurlein nicht auff gemauert werden / aber die ebne vor dem statgraben sol hundert schüch preyt beleyben / also hat von den vorgemelten sibenhundert schüch lenge ein yetlicher teyl sein rechte maß / aber von der höhe oben der dicken mauren / die auß dem grund des grabens auffgefürt ist / werde gezogen gerad ein schnür zweyhundert schüch lang / biß mitten auff die höhe der schüt. Nach diser schnür werde das erdtrich fornen zu ring herumb gantz leg vnd eben gemacht / dise flech sol belegt werden mit herten quaderstücken vnd vermauret wol verpunden nach jrem geheng / recht in winckelhacken gericht / ein stuck lenger genummen dann das ander / also / das die gezent in das erdtrich gesteckt werden / auff das sie den schüssen widerstreben mögen / vnd diß leger sol einfach oder / ob man wil / zwifach vber einander gelegt werden / dann alle schüß prellen auff disem flachen absatz on schaden ab vnnd ob gleych zu zeyten ein stein / das selten geschehen mag / herauß gerissen wirdet / so ist bald ein anderer wider an die stat zuuersetzen. Diser absatz sol zu höchst vier schüch höher sein / dann darhinder die platte schüt oben ist / also das man mit dem starcken geschoß wol darüber möge. Vnden im graben sol dise schüt aussen vor vnd an der dicken mauren allweg zweyhundert schüch weyt von einander streychweeren haben / oben offen / vergittert mit einer zwifachen dachung / wie vor gemelt / vnd nit fast hoch. Auch sollen zwischen den selben mitten im graben andere runde streychweeren gesetzt werden / oben ein wenig eingezogen / auch nit fast hoch / vnnd oben versehen wie die andern / dise streychweeren sollen heymlich ein vnd außgeng haben. Solicher weer / ist fast not vnd nütz so die feynd mit hauffen in den graben fallen. Die thor sollen durch die schüt starck vergewelbt vnnd wol versehen werden / wo man anderst darüber faren will / sunst mögen die wol offen gelassen werden. Dise meynung ist wol zumachen vmb ein stat die auff der ebnen ligt / es beleybt auch ein stat mit all jrer alten weer durch dise schüt wol versichert. Disen pau hab ich hernach durch den schnit auffgerissen / vnd mit eygnen büchstaben bezeychnet / nemlich.

Der stat zeychen ist ein. A. Der statgraben ein. B. Die flach erden dauor ein. C. Oben die eben schüt ein. D. Der lang flach absatz der schüt ein. E. Der neu graben ein. F. Die rund streychweer ein. G. Vnd das flach feld fort hinauß ein. H.

Die weyl aber nit alle stet oder schloß der massenn gelegen sind / das solche schütten zu rings herumb gefürt mögen werden / kan doch das an den nötigsten orten beschehen / so thut auch solich gepeu nicht an allen orten not / vnd wo auch an den steinen mangel ist / da sollen plosse schütten vnd greben gemacht werden mit wasen beschlagen / dauon ich yetz nit schreyb wie ich fornen im anfang gemelt hab / aber die selben schütten werden von den feynden leychtlicher gegraben / geringlicher beschossen / gestürmbt vnd gewunnen / dann die so gemauert vnd fest sind.

[Fig. 20]

Wo das groß geschoß auff den schütten gelegert wirdt / vnnd allweg daselben beleyben sol / ist nit not das dem selben so hohe reder gemacht als denen so vber land gefür werden. Nidere reder an den püchssen auff der schüt / sind meines bedunckes fortelhafftiger weder die hohen dann die püchssen sind dest leychtlicher zuladen / vnd lauffen auch von dem herten stoß nit so weyt hindersich / dann der vberschlag der reder treybet die wag nit so gwaltig in niederen als in den hohen / doch mach ein ietlicher das jm am nützten vnd gefellig sey. Mein meynung ist auch das ein winden die darzu gemacht sey / neben die püchssen hinden auff die laden gesetzt werde / die man weg thue wen man wil / damit die püchssen auff das genauest vnd leychtest gericht werden / vnnd die schüß gewiß geschehenn mögen / des gleychenn sol die laden hinden auff der erden auff ietlicher seyten der zweyer höltzer / ein ablange waltzen habenn / auff das sie bald zu bewegen sey / auff welche seyten man wil. Darzu werde auch ein winden gepraucht die sunderlich darzu gemacht sey / auff das die püchssen leychtlich vnd gantz gewiß auff welche seyten man wil gezogen mög werden / vnd auff das die laden mit der püchssen leychtich zu bewegenn sey / sol sie do sie auff der axt ligt auff das sterckest vberzwerch mit eysen beschlagen werden / vnd vnden in der mitt einen runden eyßnen starcken zapffen haben nach dem die püchs schwer ist / dar zu sol die axt geschmidt werden mit einem runden loch / das vnden nit gar durch gee / darein der zapff gerecht sey / vnd bede teyl wol abgetrehet / also das sie gern in ein ander vmbgend / welcher solchs recht in das werck pringt / wurdet seinen nutz wol finden. Soliche mein meynung hab ich im auffreyssen ein wenig angezeygt.

[Fig. 21]

Damit genedigister Künig vnd Herr / wil ich meinem schreyben end geben / vnd E. M. damit mein vnderthenig dienstperkeyt angezeygt habenn / nit der meynung / das mir in allen dingen gefolgt sol werden / dann ich weyß das auch pessers dan ich anzeygen kan erfunden mag werden / so sind auch die gelegenheyt der land / des gleychenn das vermögen der Herschafft nit gleych / derhalb auch die befestigung nit an allen orten gleych sein mögenn / aber auß allem forgeschehem anzeygen mag so vil abgenummen werden / das an alle ort dienstlich sein mag / man prauch sich des gar oder zum teyl / darein sich aber die verstendigen wol wissen zurichten. Es ist auch in sunders not zubedencken das also gepaut werd / das die befestigung so sie abgedrungen wurden nit mer den feynden nutz sein dann sie die freund beschützen mögen. Der halb zu erhaltung solcher befestigung not ist / gut geschütz / alle kriegs notturfft / vnd zu forderst krummen vnd mandliche leut / die sich tröstlich wören dörffen / dann an die selben ist alle befestigung vnerhalten / zu den sich aber ein ietlicher Fürst vnd Herr nach seiner gelegenheyt weyß zu schicken. Befilch mich damit E. K. M. gantz vndertheniglich als meinem aller genedigistem Herren.

Gedruckt zu Nürenberg nach der gepurt Christi. Anno. M. CCCCC. XX vij. In dem manat October.

[Fig. 22]

第三部　デューラー「築城論」解説

　本書は第一部：デューラー『築城論』の邦訳、第二部：原本テキスト、第三部：解説、の三部からなる。

　第一部の邦訳では、ドイツ連邦共和国バンベルク州立図書館所蔵原本（1527年、ニュルンベルク）のファクシミリ版（"*Albrecht Dürer, Befestigungslehre, Faksimile-Neudruck der Originalausgabe, Nürnberg 1527*", Verlag Dr. Alfons UHL, Nördlingen 1980、このファクシミリ版ではFaksimile-Ausgabe Unterschneidheim 1969の版板が使用される）が底本として使用され、併せてスイス連邦共和国チューリヒ工科大学図書館所蔵原本（1527年、ニュルンベルク）のファクシミリ版（"*Albrecht Dürer, Unterricht über die Befestigung der Städte, Schlösser und Flecken*", Verlag Bibliophile Drucke von Josef Stocker in Dietikon-Zürich 1971）が参照された。このファクシミリ版には1823年版（巻末刊行本リスト Nr. 6）に基づくアルヴィン・E. イェッグリ Allvin E. Jaeggli の現代ドイツ語訳と解説が含まれる。本書の章・節の区切りと表題は1823年版を踏襲したイェッグリのそれに倣う。

　第二部の原本テキストでは、フラクトゥールで記された底本のテキストが、現行ドイツ語表記に改められ表記される。

　第三部の解説では、『築城論』に関する先行研究を踏まえながら、西洋の要塞築城史におけるその意義が考察される。

　なお本書の表題は内容からみて「要塞論」が相応しいと考えられるが、我が国では「築城論」の名称で広く普及しているので、本書の表題もそれに倣う。

凡　　例

『　』内は、書名と雑誌名を示す。
「　」内は、作品名と引用文を示す。
〔　〕内は、引用文等における筆者の補いの文字を示す。
引用文等における（　）内の文字は原文である。
「図」は第一部の邦訳の図版、「挿図」は第三部の解説における図版、「補図」は注における図版であることを示す

人名、地名、作品名、書名等の欧語のカタカナ表記は、原発音に沿うことを原則とするが、既に慣用的に使用されているものについては慣用に従った。

第三部　デューラー「築城論」解説

本書に記される略文字は、以下の文献を示す。

A = Anzelewsky, Fedja 1971：*Albrecht Dürer. Das malerische Werk.* Berlin 1971.

B = Bartsch, Adam 1803-1821：*Le peintre graveur.* Vol. 1-21. Wien 1803-1821.

Meder = Meder, Joseph 1932：*Dürer-Katalog.* Wien 1932. New York 1971（Reprint 版）

W = Winkler, Friedrich 1936-1939：*Die Zeichnungen Albrecht Dürers.* Vol. 1-4. Berlin 1936-1939.

はじめに

　ドイツ・ルネサンス美術を代表するアルブレヒト・デューラー（Albrecht Dürer 1471-1528）は、絵画と版画の分野で「A. 183と184、四使徒」（1526年）や「メレンコリア　I」（B. 74、1514年）を初めとする多くの名作を今日に遺すとともに、『測定法教則』（1525年）、『築城論』（1527年）および『人体均衡論四書』（1528年）の3種の理論書を著している[1]。「序言」に述べられたように、これらの著作の基礎をなすのは、測定と尺度と均衡の概念である。

　デューラーの著した上記3書のうち『測定法教則』と『人体均衡論四書』は、ルネサンス美術の基本である幾何学の理に適う透視図法を中心とする画面構成と、古代とルネサンス美術の中心課題である人体表現に関連する理論書であるので、両書については美術史研究者によりこれまでも多数の論考が公にされてきた。

　『築城論』はそれに対してその主題が軍事要塞に関する書であるので、軍事学や戦争論のジャンルではこれまで研究の対象としてしばしば取り上げられてきたが、美術史家が本格的にこの書を取り上げることは稀であり、1916年のヴェツォルトの著作は当時としてはその嚆矢と言うべき研究書であった[2]。

　ルネサンス期に美術家が絵画や彫刻以外に、建築および要塞等の軍事建築に関心をもち、これに関する構想を多くの素描に遺した例は、レオナルド・ダ・ヴィンチ、ラファエッロ及びミケランジェロ等にみられるように、イタリアでは多数挙げられる。更に当時イタリアでは以上のような美術家だけでなく、アルベルティ、フィラレーテ、マルティーニ等、都市と要塞を備えた理想都市について考察をめぐらし、それを理論書として公にした理論家も多く見られる。

　デューラーはその書から人体均衡論を学んだウィトルーウィウスの『建築書』、および上記のイタリアの理論家の諸論考に触発されながら、理想的な要塞都市や峡谷要塞を含む『築城論』を著した。独自の芸術的空間を画面で創出してきた造形芸術家が、要塞とそれに守られる都市のために、安全な都市生活を保証する空間を創出することが、この書に企図されている。

　解説では、デューラーのこのような企図を念頭におきながら、『築城論』について、成立の背景、要塞論の系譜、要塞体験、内容および評価について論じられ、最後に西洋の要塞築城史におけるその意義について考察される。

第一章　デューラー『築城論』成立の背景

第一節　トルコの脅威

　デューラーが『築城論』を執筆した背景として挙げられるのは、西洋世界に対するトルコの脅威である。オスマン帝国は1453年にコンスタンティノープルを占領してビザンティン帝国を終焉させた後、地中海でも海軍国ヴェネツィアの周辺を荒らし回り、1480年にはイタリアのオトラントを占領して略奪し、1521年にはベオグラードを陥落させ、ハンガリー王国に侵入した。ベオグラードの戦いではニュルンベルクから派遣された千人をこす義勇兵の大半が戦死した。1526年8月末のモハーチの戦いにおいて、スレイマン１世（Süleiman I der Große um 1496-1566）はハンガリーの軍隊を殲滅させた。トルコ軍がヴィーンに迫るのはその３年後の1529年である。西洋世界に迫り来るトルコのこのような脅威に対して、教皇レオ10世（在位1513-1521）はベオグラード陥落以前に十字軍を計画したが、キリスト教諸国における内部抗争のために実現に至らなかった。

　当時トルコの脅威を阻止する役割を主として担ったのが、世襲領地を初めとする領有地域がトルコの支配地と接していたハプスブルク家である。モハーチの戦いで戦死したハンガリー国王ルートヴィヒ２世（ラヨシュ２世）は、1522年にオーストリアのマリアと結婚していた。デューラーが『築城論』を献呈したフェルディナントは、兄カールが皇帝に即位した1521年にオーストリアの世襲領地を相続するが、その彼が1526年にベーメン王に選出され、その後にハンガリーの対立王に定立されたのは、トルコの脅威に対するハプスブルク家の防波堤となる役割を果たすためであった。

　当時のヨーロッパを覆っていたこのようなトルコ人の脅威に対する危機感が如何に深刻であったかは、モハーチの戦いの翌年の1522年、ニュルンベルクで開催された帝国議会において、トルコに対する防衛のための専門委員会が設けられたことにも現れている。デューラーの友人ヴィリバルト・ピルクハイマーとヨーハン・チェルッテもそのメンバーであった。

　このようなトルコへの危機感は、デューラーの『築城論』のフェルディナント王への献辞とそれに続く本文の冒頭に、二度にわたり明確に記される。

　『築城論』の献辞では次のように記される。

　「陛下が幾つかの都邑に防御工事を施すように命じられたことを伝え聞きましたので、陛下がそこから何かを採用される気持ちになられんがために、私の貧弱なる考えを御覧にいれようという気持ちを私は抱くようになりました。なぜなら、私の提案は必ずしも全ての場所に受け入れられるものでないにしても、部分的にはそこから役立つものが、陛下だけでなく、暴力と不当なる圧迫に対して進んで自衛せんとする他の君侯、領主および都市にとって、生まれてくるものと考

第三部　デューラー「築城論」解説

えるからであります」。

　この引用文に「陛下が幾つかの都邑に防御工事を施すように命じられた」とあるのは、本書を献呈されたフェルディナントが、トルコ人の侵入と攻撃に備えて領域内の地域や都市を要塞化するために出した命令を指している。そしてその命令は、前述した1527年に彼の義兄弟ルードウィヒ2世のモハーチでの死をうけて、トルコ人により直接の脅威に曝されていたベーメンとハンガリーの王になった後に出されたものである。

　献辞に続く本文冒頭では次のように記される。

　「昨今多くの未曾有の出来事〔トルコ軍の突然の侵入と攻撃〕が生じているので、王、諸侯、領主、都市が要塞を築いて自らを防御することが必要であると私は考える。キリスト教徒が異教徒から守られるだけでなく、トルコ人と近接する諸地域が彼らの暴力と砲弾から救われるためである。そこで私は、戦争に参加して経験をつみかさねた軍事通の人たちが、それを改良することを期待して、このような要塞を建造するためのささやかな指南書を著すことを企図した」。

　この引用文では、トルコに隣接する地域の住民にとり、トルコ人の脅威が如何に大きなものであったかが強調される[3]。

　以上のようにデューラーの『築城論』執筆と公刊の動機が、トルコ人の脅威への対抗措置にあったことは明らかである。更にそのような動機に加えて考えられるもう一つの動機は、当時急速に破壊力を増大してきた大型大砲に関する軍事的処置の要望に応えることであった。即ち、新型大砲の強烈な衝撃に耐え、これに対して要塞を防御するとともに、これらの新型大砲を備えた砲台を多数、自軍の陣営にも設置できる大規模な要塞を建築しなければならないという当時の軍事的要請が、『築城論』刊行の要因として、トルコ人の脅威とともに挙げられなければならない[4]。

第二節　デューラーの要塞施設への関心

　デューラーは『築城論』を執筆する以前から、要塞を初めとして広く建築について深い関心を抱いていた。それは彼の遺した素描や版画および油彩画等の多くの作品から明らかである。彼の初期の素描や版画には建築的モティーフがゴシック末期の様式で描かれるが、後にそれは古典風の様式に変わる。その変化は二度にわたるイタリア旅行（1494-95, 1505-07）の体験および1500年以降に研究するようになった前1世紀のローマの建築家ウィトルーウィウス Vitruvius の『建築十書』"De architectura libri decem"と関連する[5]。彼はその建築書の抜粋を作成し、神殿と円柱の様々な種類の習作を構想した。また彼はイタリア滞在中、宗教的並びに世俗的な建物の外観、平面図および内部の部屋割りをスケッチしている。

　デューラーがイタリア旅行の途次に描いた多数の素描には、精密に観察された幾つかの城塞建築が含まれる。例えば「トレント風景」（トレントの要塞、W.95、挿図1）、「アルコ風景」（ヴェネツィア峡谷の阻塞城郭、W.94、挿図2）、「イタリアの城塞」（W.101、挿図3）、「城塞とともにニュルンベルクを西側から描いた水彩画」（W.116、挿図4）等である。更にネーデルランド旅行（1520-21）のスケッチ帖には、同じ紙葉に二つの城塞が銀筆で素描されている（「二つの城塞」、

第一章　デューラー『築城論』成立の背景

W.762、挿図5）。それらの素描は、彼が青年期から晩年に近い時期に至るまで、要塞建築とその地形に並々ならぬ関心を抱いていたことを示している[6]。

　デューラーは再度のイタリア旅行から帰郷した後、「絵画論」"Lehrbuch der Malerei"の執筆を企図したが、それらの草稿にも人間と馬の均衡とともに、「建物の尺度」、つまり建築のための均衡論が記されている[7]。「絵画論」の企画は中断したが、建築に関する章の下書きの多くは、1525年に刊行された『測定法教則』に使用されている。興味深いのは、当時ニュルンベルクでデュー

挿図1

挿図2

挿図3

挿図4

挿図5

挿図6

第三部　デューラー「築城論」解説

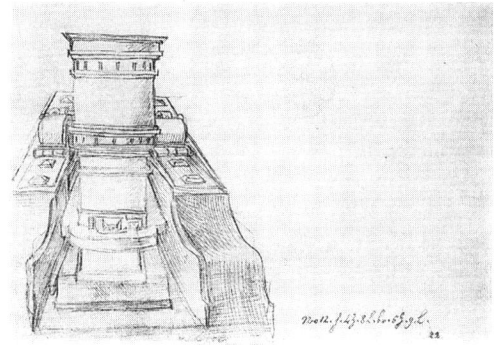

挿図7

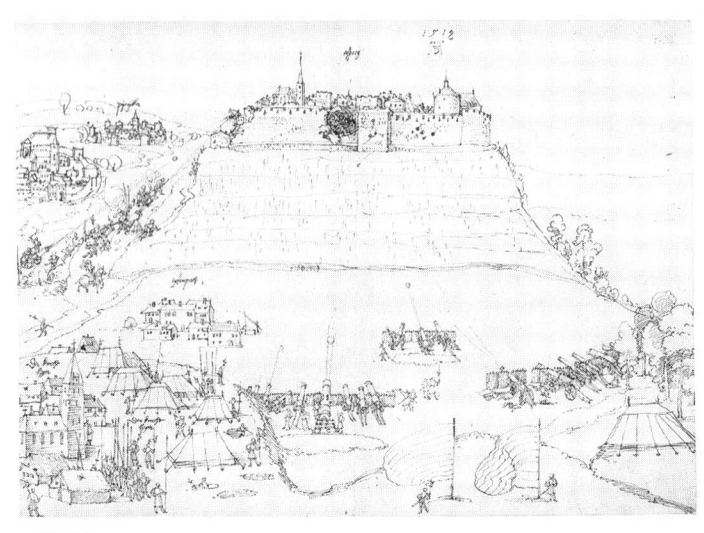

挿図9

挿図8

ラーが建築の専門家としてみられていたことを示す鑑定書が、今日まで遺されていることである。それは、フューラー家菩提寺グナーデンベルク修道院教会の新築された屋根に関する1517年と1518年の鑑定書である。1517年の鑑定書でデューラーは、ウィトルーウィウスの名を挙げ、彼を「古代の素晴らしい建築家ウィトルーウィウス」と呼んでいる[8]。

　デューラーは要塞建築において攻守両面での大砲の役割を重視したが、彼の作品にも大砲と要塞砲撃への関心の高さを示す素描と版画が遺されている。例えば大型木版画「凱旋門」(B.138) の砲兵隊に関連する部分 (挿図6) と「大きな大砲」の鉄版エッチング (B.99、挿図7) がそうである。また「ホーエンアスペルクの攻囲」は、城塞が引き渡される直前の光景をデューラーが1519年にペンで描いた素描である (W.626、挿図8)。デューラーは、ピルクハイマーやマルティン・トゥッヒャーと企画した旅行の途上、ゲオルク・フォン・フルンツベルクの指揮するシュワーベン同盟軍によるホーエンアスペルクへの攻囲砲撃を目撃した。更にネーデルランド旅行においてもデューラーは1521年にメーヘルンに皇帝カール5世の宮廷付き大砲鋳造家ヨーハン・ポッペンロイターを訪ねたとき、そこでみた最新の臼砲をスケッチ帖に素描した (W.783、挿図9) [9]。

第二章　『築城論』に至る要塞論の系譜

第一節　ウィトルーウィウス

　デューラーが『築城論』執筆に際して利用した文献の詳細については、この書に唯一挙げられているウィトルーウィウスの建築書を除いて、未だに推測の域をでていない。

　ウィトルーウィウスについては『築城論』だけでなく、「絵画論」草稿、『人体均衡論四書』の献辞草稿および『ネーデルラント旅日記』にも、次のようにその名前が挙げられる。

　「大きな建物のためローマ人たちに雇われた古代の建築家ウィトルーウィウスは次のように述べる。即ち、建物を作ろうと思う者は人間の優れた容姿を研究すべきで、人の姿にこそ比例の隠れた秘密が見いだされると。」(「絵画論」草稿より) [10]

　「そこで小生はそれを自身のこととして取り上げ、男性の均衡について些か記しているウィトルーウィウス［の建築論］を読みました。」(『人体均衡論四書』の献辞草稿より) [11]

　「これらの円柱は実際ウィトルーウィウスの書によって造られたものである。」(『ネーデルラント旅日記』より) [12]

　上記3つの引用文を通してみれば、デューラーにとりウィトルーウィウスは建築と人体均衡論の師であり、デューラーは建築と人体表現がともに均衡の観念を本質とするという点で緊密に結ばれていることを学んだことが理解される。

　『築城論』でウィトルーウィウスが言及されるのは、要塞化された都市に関する次の文においてである。

　「王家の邸館を城郭中央の正方形の場所に設ける。その一辺の長さを800シュー〔≒240m〕にする。この正方形に隅切はない。このような王家邸館をどのように建築するかについては、古代ローマのウィトルーウィウスが明確に記している。」(本書第一部第二章)

　デューラーはこの文で、彼が王家邸館の建築においてウィトルーウィウスの記述を手本にしていることを明言する。デューラーがウィトルーウィウスの記述についてそれ以上述べないのは、ウィトルーウィウスの『建築十書』の知識が当時の彼の読者に周知のこととされていたからであると、ヴェツォルトは考える[13]。

　ウィトルーウィウスとデューラーはともに、要塞建築に石造の記念碑的建築が不可欠であることを要求するが、ヴェツォルトはその点にデューラーが古代の伝統を実際に継承したことを認める。またデューラーは『築城論』で多角形と円形の要塞前面について述べるが、ウィトルーウィウスも同様に建築書で、できるだけ多くの位置から敵が見張られるように、都市を囲む要塞の線

101

が多角形あるいは円形の基礎上にあることを強調する。ヴェツォルトは、デューラーの要塞前面とウィトルーウィウスの要塞線が、多角形と円形という同じ形だけで関連づけられるかどうかについては、明言を避ける。

　ヴェツォルトは更に、理想都市の衛生面に関するデューラーと同趣の記述が、ウィトルーウィウスの建築書（1の4、6の6）にみられることを指摘する。そこには、土地は秩序正しく区画されること、都市プランでは道路も小路も衛生的によい方位を顧慮して設けられること、健康に適い市民生活の目的に役立つ状態を顧慮して、都市から離れた場所の方位づけにも十分に注意を払うこと等について記される[14]。

　ウィトルーウィウスに次いで軍事建築について論じたのは、古代ローマのフラヴィウス・ウェゲティウス・レナートゥス Flavius Vegetius Renatus である。彼は紀元後400年頃に『軍事要論』"Epitoma rei militaris"を著した。それはアウグスブルクのルードヴィヒ・ホーエンヴァンクにより1475年ドイツ語に訳され、写本としてヨーハン・フォン・ラウフェン-ヴュルテンベルク伯爵に献呈された。新しい翻訳が1511年エアフルトで、1529年と1534年にアウグスブルクで印刷刊行された[15]。

　中世ではアエギディウス・コルムナ Aegidius Columna（13世紀）とマリン・サヌート・トルセッロ Marin Sanuto Torsello（14世紀）のラテン語による軍事論が知られている。それらを手本として15世紀に戦略に関する多数の著作が現れた[16]。

第二節　イタリアにおける要塞論

　レオン・バティスタ・アルベルティ Leon Battista Alberti の著した『建築論』"De re aedificatoria"十書（1485年フィレンツェで刊行）は、依然としてウィトルーウィウスに基礎をおく都市と要塞の建築に関する中世の理論から、ルネサンスのそれへの移行をなしとげたという点で重要である。その第4書第4章と第5書第1章以下に、要塞建築物等に関する記述が含まれる。築城術はアルベルティの著作のなかで副次的な役割しか演じていない。彼は大砲の効果とそれによって変化した攻撃防御形式を未だに考慮しておらず、投擲弾と投擲石、弩および古代ローマの陣地のタイプに依存する要塞建築を未だに考えている[17]。

　ヴェツォルトは、新しい都市が砲撃の技術と砲兵隊による戦闘に適合しなければならないという考察が、要塞前面の概念を都市の平面図全体に及ぼしたことを指摘する。中世都市の塁壁による囲繞は、自然な地形に従いながら、都市中核部の漸次的な膨張に適合していった。それに対して、ルネサンスの建築理論家には城郭と要塞建築の幾何学的平面図が第一義的な事柄であり、都市それ自体は第二義的な事柄であった。四角形、五角形およびより多くの多角形的な要塞の枠に道路システムは適合させられた。そのなかで二つの基本的な形式が次第に形成された。ある中心点から取り囲む塁壁の方に放射状に延びる道路と、直交する道路のチェス盤図式がそうである。

挿図10　　　　　　　　　　挿図11

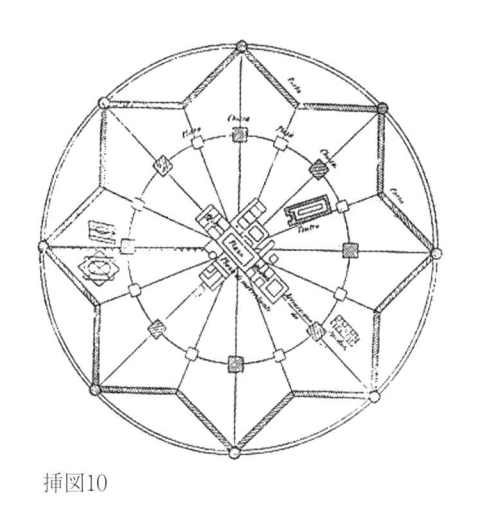

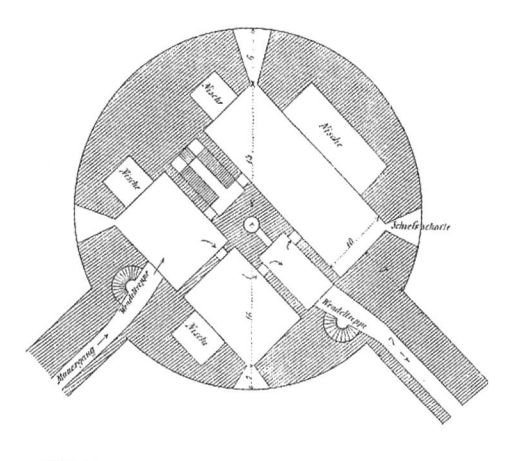

街並の放射状的展開にとって、軍事的な考察とともに審美的な考察が重要であった。放射状星形における理想都市は、その時代が最高の建築構造的形式と認めたルネサンスの集中式建築をモデルとするものであった。というのもそれはあらゆる力と尺度の完璧な均衡を示すからである。これに対してチェス盤図式は、審美的考察の面からでなく都市衛生的および経済的考察の面から、古代と中世都市の通常の形式を採用する[18]。

　放射状星形における理想都市構想は、アントニオ・アヴェルリーノ、通称フィラレーテ Filarete の論考『建築論』"Trattato dell'architettura"（1451／64年）に明確にみられる。この書にはアルベルティを越える内容が示される。彼の理想都市スフォルツィンダ Sforzinda（挿図10）は、「角が一致しないように重ねられる」二つの正方形の組み合わせからなる八角星形である。周りを囲む塁壁の塔と門から、16の放射状道路が都市中心部まで延びる。それぞれの道路はその長さの半分のところで、ある場所により中断される。これら16の場所に教会と市場が交替して位置し、市場ではワイン、茎、油、穀物等が売られる。都市全体の真ん中に主要な場所があり、そこに大聖堂とそれに向かい合う王宮が聳える。宗教的統治者と世俗的統治者の君臨するこの中核部に、二つの場所が隣り合う。その一つは市場であり、そこに市庁舎、浴場、旅館、肉屋と魚屋がある。もう一つは市庁舎のような行政官庁の管理棟、宝物庫、関税官庁、監獄の付設された裁判所によって囲まれている。フィラレーテは修道院、救貧院、養老院および手職人と都市貴族の家屋について、平面図で詳細に説明する。全ての主要道路にはアーケードがあり、中央に運河が通っている。そこにはボローニャとヴェネツィアの長所が結びつけられている。デューラーの都市プランに較べれば、フィラレーテの理想都市には主要な場所における主要な建物の強い集中化が目立つ。これはフィラレーテだけでなくイタリアの建築理論書に特有のものである。

　この書で興味を惹かれるのは要塞の独特の防御の形と仕方である。即ち、八角形の星形として構想された都市（挿図10）の周りを、都市の濠と城壁が巡る。城壁には四角形の塔と円形の塔が間に割り込む。円塔は実際の砲列用の塔である（挿図11）。「塔の内部には、壁が填め込まれるこ

第三部　デューラー「築城論」解説

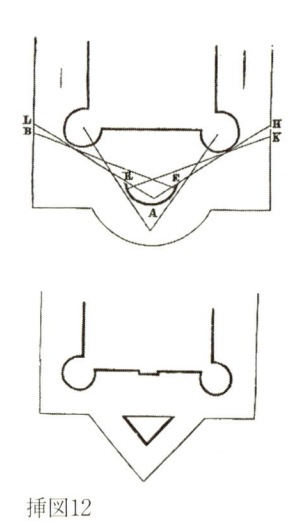

挿図12

とで、正方形の空間が生じる。それは4階に分けられる。四角形の支柱が正方形の中点にあり、この支柱は4階全てを貫く。その支柱には基礎部分にある井戸に連結する地下通路が含まれる。更に正方形空間は二つの仕切り壁によって分けられる。井戸の支柱はその中心にある。双方の仕切り壁間の通路を挟んでその左右に、それぞれ空間が存在する」。

　これらの空間は、たんに砲撃陣地としてのみならず、守備隊のための住居空間としても使用される。塔のプラットフォームには見張り人のための、円形のトンネル型天井付き家屋が設けられる。フィラレーテは空所の正方形が塔中核部に丁度くるように据えたのではなく、それを幾分都市側にずらすが、それは外側の城壁部分が内側のそれよりも強固になるためである。フィラレーテは、都市の君主が住民の反乱に遭うこともあり得ると考えたのであろうか。第四の砲眼は都市の方に向けられている。フィラレーテの論文では想像的なものと正確な大きさの指示が独特の仕方で混じり合っている。彼は建築とブロンズ鋳造に精通し、大砲と要塞に関する事柄をなにより重要なことと考えた[19]。

　フィラレーテに次いで、ロベルト・ヴァルトゥリオ Roberto Valturio はリーミニの君主シジスモンド・マラテスタの指示で大きな軍事百科事典『軍事書22巻』"De re militari libri XXII"（1472年）を編纂した[20]。

　パドヴァ（1509年）とフェラーラ（1512年）の新しい要塞以来、ローマのカステッロ・サン・タンジェロ、ペルージア市の新しい要塞、およびアンコーナの要塞等、イタリアの諸都市は要塞の建設を競った。それを指導したイタリアの建築家はいずれも、デューラー同様土塁でなく有壁の稜堡を採用した。

　北イタリアでもミラノのスフォルツァ家の宮廷は、軍事技術と建築を特に保護奨励した。ルカ・パチョーリは著書『神聖比例』"Divina proportione"（1509）の献辞で、宮廷で活躍している人物として特に、公爵の傭兵隊長で軍事技術者ガレアッツォ・デ・サン・セヴェリーノ、ウィトルーウィウスの解釈者で軍事建築家ヤーコポ・アンドレア・ダ・フェラーラ、最後にレオナル

第二章 『築城論』に至る要塞論の系譜

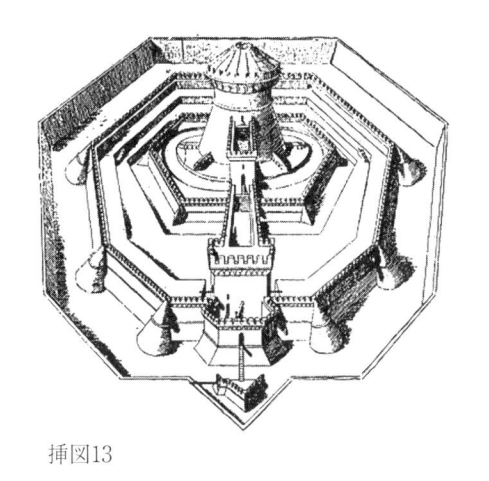

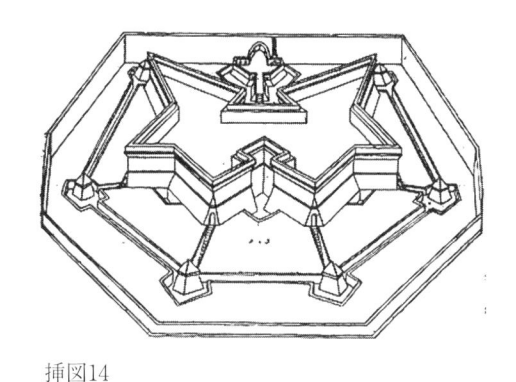

挿図13

挿図14

ド・ダ・ヴィンチ（1452-1519）の名を挙げる[21]。

　レオナルドは1480年に要塞建築家ならびに兵器の発明者としてミラノ公ルドヴィーコ・スフォルツァに彼自身を自薦し、それ以来宮廷で活動していた。彼が実際に建築したもの、ないし彼の指導の下に建築されたものは知られていない。しかし彼の要塞に関する見解は、「アトランティコ手稿」（ミラノ、アンブロジアーナ図書館）の素描（挿図12）および断片的な個々の記述から推測される。レオナルドは城壁の強化の必要を説くことから始める。「今日大砲は迫力と強度の点で4分の3ほど増している。それ故すでに要塞化された城壁もその抵抗力を4分の3ほど増す必要がある」。

　レオナルドは要塞前面を二義的とみなし、多角形の要塞を考える。その隅点には円筒形堡塁が造られ、半円形か三角形の半月堡（ravelin）が、稜堡壁（courtine）中央の前に示される（挿図12）。ヴェツォルトは、「半月堡はその場所の鍵である。それがその場所を守るように、それはその場所から守られなければならない」というレオナルドの記述に、レオナルドが半月堡に近世的要塞の最も重要な要素の一つを認めたことを確認する。半月堡は円筒形堡塁の高い砲列の援護のもとにあり、そこに備えられた大砲で壕にいる敵兵を掃射する。ヴェツォルトによれば、レオナルドにみられる二つの円筒形堡塁と半月堡の間の交互掃射の効果という構想は、ドン・ラミレスによって造られたサルサス要塞の東前面（挿図17）にまで遡らせることができるという[22]。

　レオナルドでは素描にとどまったものが、フランチェスコ・ディ・ジョルジョ・マルティーニ Francesco di Giorgio Martini（1425-1506）では、体系的に考察され包括的に述べられる。マルティーニはブルネレスキの弟子で、建築家、彫刻家、画家であった。彼は1490年ミラノに招聘され、他の建築家とともにドームの円蓋建立の相談にのり、レオナルドとともにパヴィア大聖堂建築の鑑定人となり、その後カンパニャーノでオルシーニ家の城館と要塞を建築した。懸念されるトルコ人の上陸に備えて、彼は1492年アプリア地方の海岸の要塞化を担当した。

　彼の著書『市民建築と軍事建築に関する理論書』"Trattato di architettura civile e militare"（1841年にトリノで刊行）には、アプリア地方での経験が活かされている。この書は「要塞建造物の精密で学問的な理論を目指した最初の著作」と高く評価されている[23]。マルティーニに帰さ

105

第三部　デューラー「築城論」解説

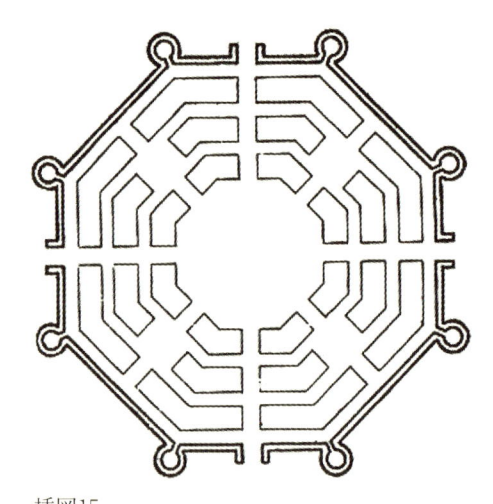

挿図15

れる素描（挿図13と14）には、主要塁壁と半月堡を橋や飛び梁で繋ぐというスペイン独特の方法が採用され、三角形の小さな半月堡、大きく突出後退する輪郭線、壕に侵入した敵兵を掃射するための突出した掩蔽通路（capannati）が見られる。

　マルティーニの都市プランは平面図の形においてスフォルツィンダ（挿図10）を想起させ、星形図式を示す（挿図15）。四つの門と都市を取りまく八角形の塁壁の中央から、八つの道路が都市中心の大きな広場に延びる。その広場はそれを巡る環状道路と同じように八角形である。この星形図式には、鈍く折れた線状でのこの道路の流れのために、環状道路は弧を描いた中世の道路の全ての魅力と長所（風よけ―雨よけ―眺望の交替）を示しながら、しかも同時にシンメトリー、尺度および規則性へのルネサンスの要求を満足させている。建造と家屋の衛生的配慮に関してマルティーニは詳細に記述する[24]。

　デューラーはフィラレーテとフランチェスコ・ディ・ジョルジョ・マルティーニの理想都市放射状図式を継承しなかった。デューラーは実際の都市の基本形、直交する道路と長方形の区域と広場のある古代と中世の植民都市を拠り所にした[25]。

　ニッコロ・マキアヴェッリ Niccolo Machiavelli（1469-1527）はその『戦術論』"Libro dell'arte della Guerra"（1521年刊行）で、ベルヴェデーレ要塞の建築においてミケランジェロ（1475-1564）が稜堡壁を可能な限り短縮し、凹堡を活用して堡塁の大きな突出部による側面からの砲撃を重視するという構想から多くの刺激を受けている。マキアヴェッリは『戦術論』の執筆時にジャンベルティ・ディ・サンガッロにより建造されたピサの要塞を既に知っており、古い城壁の後方に壕を掘り塁壁を建造することにより新たに要塞化されたパドヴァが、1509年に皇帝マクシミリアン1世に対してなした抵抗を印象深く覚えていた。

　マキアヴェッリは理論家として凹堡による要塞化を主張した。そこでは塁壁線の流れが側面どうし相互に向き合い、側面から壕の敵を掃射できるようにされている。「あらゆる技術家が最初に関心をもつことは、城壁を折れた線で繋ぐことに向けられるに違いない。その結果可能な限り

106

多くの突出後退する角が生じることになる」。またマキアヴェッリもデューラーが『築城論』で述べているのと同様に、城壁のイタリア1マイル周辺に、全ての建物と農耕を禁じる厳格な区画法則を要求した[26]。なお『戦術論』刊行と同じ1521年に、傭兵隊長ジャンバティスタ・デッラ・ヴァッレは稜堡建築の指南書を書いている[27]。

　ヴェツォルトは、イタリアの要塞建築家が大砲による防御の主たる役割を、稜堡壁（courtine）としばしば稜堡壁の中央に設けられた砲台に割り当て、突出した稜堡部分に側面側の砲台としての役割を課したことを指摘し、更にイタリアではデューラーと異なり、壕のなかに砲台その他の独立した側面攻撃用堡塁を設けなかったことを強調する。またヴェツォルトによれば、円形平面図の要塞は、城壁の一部が別の部分から完全には掃射されないので、イタリアでは1520年頃にこの形式の要塞は殆ど見られなくなったという[28]。

第三節　ドイツにおける要塞論

　一方ドイツではフランスと同様に14～15世紀に特に大砲製造の技法が飛躍的に発展し、火薬兵器と大砲・銃器類の製造に関する文献が盛んに書かれるようになった。『ドイツの火薬兵器の書』"Das deutsche Feuerwerkbuch"（1400年頃）はこの分野でのドイツ語による総括的な主要書とみられ、コンラート・カイザーによる兵書『軍事要塞』"Bellifortis"（1405年）は最古の技術的軍事学的概説書とみなされる。後にマルティン・メルツ（1501年没）は『砲術書』"Kunst aus Büchsen zu schießen"（1471年）を著した。彼はすでに数学的な基礎に基づいて仕事をしており、新しい砲術の考案者とみなされる。フランケンの騎士ルードウィヒ・フォン・アイプ・ツム・ハルテンシュタイン（1521年没）は、彼の著書『軍備論』"Kriegsbuch"（1506年）で15世紀の知識を要約する。その書には次の諸点が記述される。即ち、第一にフェンシング術、格闘技、車両による環状陣立てと戦場の布陣、兵器（水泳道具と潜水道具、発火道具、ハンマー類、水車・風車、巻き上げ装置とポンプ装置）がそうである。そのなかでも主要であるのが鉄砲類と大砲の製造である。最後に水利工事と突撃用の武器について記される。

　火器制作者で築城技術者でもあったハンス・シェルマー Hans Schermer は、15世紀の最後の四半世紀に「火器と装填」"Zu buchssen und buwen"を著した。写本で遺されたその論文は、火薬と火器の製法ならびに鉄砲の装填とともに、古い要塞の建築法についても我々に教える。彼は図と素描で土、角材、および粗朶から堡塁を作ることを指南する。そこに述べられる要塞は、石や煉瓦製の壁で築かれたものでなく、厚板と柴の編み物と土が組み合わさってできた建造物である。シェルマーは大砲による近距離攻撃を重んじて、稜堡に上下4列の砲台を備えた。稜堡間には長い墁壁（後世のcourtine）が走り、その中央には高台"Berg"が聳え、その上に遠方を攻撃する大砲が一段と高く据えられた。シェルマーが考えた要塞の平面図は多角形であり、その隅から半円形の多層の稜堡が突出する。

　皇帝マクシミリアン1世は大砲類とその鋳造および弾道学に強い関心を抱いた。大砲を改良するに際しての皇帝の指導的な協力者はミハエル・オット・フォン・アエヒテルディンゲン

第三部　デューラー「築城論」解説

(c.1479-1532？) である。彼は1503年以来マクシミリアン1世の傭兵砲兵隊最高指揮官、同皇帝の火砲書の編集者であり、インスブルックの武器庫の1515年の目録の著者であった。この火砲書のために、デューラーの知人でニュルンベルクの画家アルブレヒト・グロッケンドンは大砲の絵を描いている。オットはウルリッヒ・フォン・ヴュルテンベルク公爵に対する戦争でシュヴァーベン同盟の傭兵砲兵隊最高指揮官を務め（前述のようにデューラーは彼によるホーエンアスペルク包囲をみた）、1525/27年にはミラノ外征、対ハンガリー戦争および対トルコ戦争においてカール5世に仕えた。オットとザクセン選帝侯の砲兵隊繰術指南役ヤーコプ・プロイスの双方の経験は、1524年の『戦術論』"Kriegsordnung"に活かされている。それはマキアヴェッリの『戦術論』と並んで最良の戦術書とみなされている。そこでは城の占領、砲兵隊および歩兵について論じられる。同じ頃ハンス・ブステッターは『重要な報告』"Ernstlicher Bericht"で、アウグスブルク参事会のために類似のことを著している[29]。

　以上、デューラーの『築城論』に至るイタリアとドイツの要塞論の系譜が概観され、稜堡建築についてデューラーとイタリア人の意見が幾分か比較された。ではデューラーの要塞や軍事施設の体験および有識者の助言は、どのように彼の書に反映されているのであろうか。

第三章　デューラーの要塞体験と有識者の助言

第一節　デューラーの要塞体験

　デューラーの要塞や軍事施設の体験については、前述したデューラーの素描（挿図1-5）を除いて、推測の域をでない。ヴェツォルトはデューラーが二度にわたるイタリア旅行（1494-95, 1505-07）の途次に、ヴェローナの要塞建造物をみたと推測する。ヴェローナは1525年に始まるサン・ミケーレ（ミケーレ・サンミケーリ1484-1559）による新しい要塞化以前には、城壁と門による中世の要塞から、近世に築かれた稜堡前面への過渡期の姿を呈し、都市の周りを取りまく塁壁から半円形の城壁稜堡が幾つも突き出ていた（例えばボッカーレの稜堡 bastione delle boccare、挿図16）。外側の城壁と中央の支柱に支えられた巨大なトンネル型天井がこれらの稜堡に架けられ、天井下の砲台には大砲が幾つも据えられいた。また上のプラットフォームにも大砲を守るための設備が整えられていた（サン・ミケーレはこの要塞の塔の代わりに、二つの階から側射がなされる角張った稜堡を建造した）。ヴェツォルトは、ヴェローナの古い要塞に典型的にみられる幾つもの大砲を備えた塔の配置から、デューラーが彼の稜堡プランについて刺激をうけたと推測する。

　ヴェツォルトは更にネーデルラントへの旅先でデューラーが砲台施設を見たと推測する。ケルンでは1469年以来、三階建ての建物「ノートヴェアー」"Notwer"がゼヴェリーン門の前に聳えていた。それは三つの大砲用ニッチュと砲眼を各階の壁に備えていた。更に1470年に公爵ヨーハ

挿図16　　　　　　　　　　　挿図17

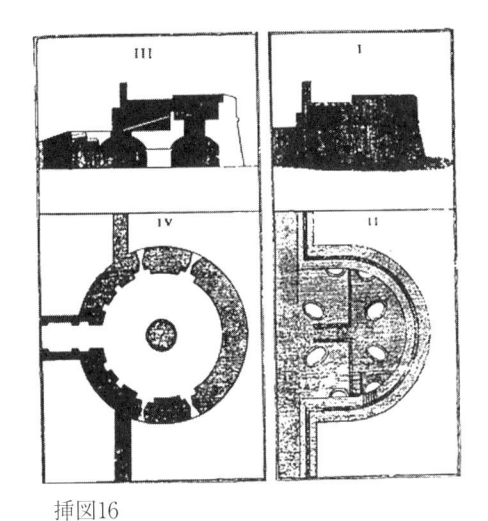

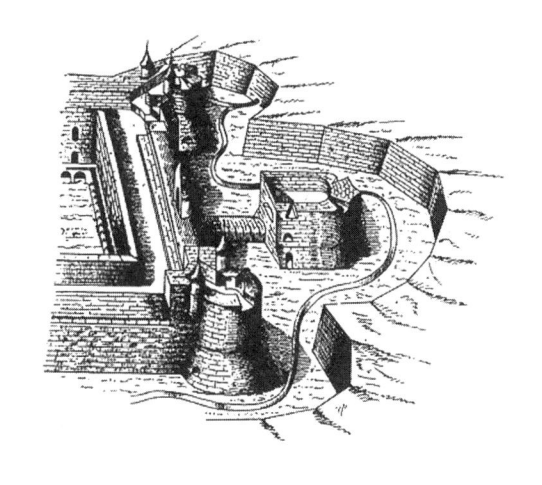

ン・フォン・クレーヴェによって建造が始められたレース・アム・ラインの類似の堡塁は、廃墟の姿で今日まで保存されているが、ヴェツォルトはデューラーがそこを通ったと推測する(30)。

　デューラーの『築城論』で要塞名が挙げられているのは唯一つである。しかもデューラーはこの要塞を実際に見たわけではない。『築城論』における「峡谷要塞」"Clause"の建築に関する節は次の文で終わる。「広大な領土を安全に防衛するには、カタロニア国がフランスから強固な城郭とサルスス峡谷 Clausen Salsus の要塞によって防衛されているように、峡谷の堅固な要塞と関所を必要とする。カタロニア国だけでなく他の国の防衛についても同様なことが言える。」（本書第一部第三章）

　ヨーロッパ全域で知られたサルサス（＝サルスス）の要塞（挿図17）は、カタロニアとフランスの間にある難攻不落の城塞である。1497年にスペイン人ラミレスにより建造された。この長方形の要塞には、トンネル型天井の架けられた半円塔が四つ備わる。囲壁のなかに深さ４ｍの中庭があり、その中庭を取りまく砲台の主要部は、その下部が倉庫と厩舎、その上部が居室で、居室の扉はテラスに通じる。壕の防御施設として役立つ壁付きの掩蔽通路が東壁から、孤立した稜堡つまり長い東稜堡壁の前の半月堡まで伸びる。この要塞がデューラーの「峡谷要塞」と類似することは明らかである。侵入した敵を遮断するためのデューラーの要塞には円形平面がサルサスよりも多くある。ヴェツォルトは海にまで迫り出したデューラーの稜堡に、サルサス要塞から延びた東堡塁の影響を見る(31)。

第二節　有識者の助言

　デューラー『築城論』完成の過程では当然、専門的な知識をもつ友人や知人の様々な助言がなされたと推量される。そのような助言をなした人物として最初に考えられるのは、デューラーの親友で人文主義者ヴィリバルト・ピルクハイマー Willibald Pirckheimer（1470-1540）である。彼は1499年ニュルンベルク軍の指揮官として皇帝マクシミリアン１世のスイス戦争に参加し、

1526年後に彼の体験談を『スイス戦争』"Bellum Helveticum"に著した。

　ピルクハイマーとデューラーの親友ローレンツ・ベーハイム Lorenz Beheim（1521年没）はニュルンベルクの大砲鋳造家の息子である。彼は1504年来司教座聖堂参事会員としてバンベルクで居住し、その一方で1492年から教皇アレクサンデル6世の要塞建築家兼砲術師になり、アントニオ・ダ・サンガッロ（1455-1534）による天使城の改築と教皇の他の要塞の改築に際して、この分野の包括的な知識を収集した。ピルクハイマーの遺品にある、チェーザレ・ボルジアがベーハイムに説明を求めた質問集は、主として防御と戦術のテーマに関するものである。

　ヨーハン・チェルッテ Johann Tschertte（c.1480-1552）は要塞建築家としてデューラーに重要な助言を与えたと思われる。1522／23年の帝国議会ではトルコの脅威が議事日程にのぼっており、チェルッテは開会中ニュルンベルクに居住してつねに意見を求められた。彼は1524年にも領邦君主委員会の先頭に立ち、ヴィーン新市の皇帝武器庫の仕事に関して、アントニオ・デ・スパティオ親方と左官親方フランチェスコ・デ・ポゾと契約を結んでいる。彼は1528年12月にフェルディナント王からニーダーエステルライヒ地方の建築責任者に任命され、トルコ人によるヴィーン包囲（1529年9月27日～10月16日）の際には助言と実践で、ヴィーンの要塞の保守に努めた。トルコ人の退却後チェルッテはヴィーン新市の要塞の強化とヴィーンにおける改良工事に携わった。

　チェルッテはデューラーと深い親交で結ばれていた。デューラーは彼のために木版画による紋章（Meder 294）を描いており、チェルッテのニュルンベルク滞在中には、二人は朝食をともにし、数学上の問題も議論した[32]。チェルッテはデューラーの『測定法教則』刊行の進捗状態にも強い関心を示していた。彼はヴィーンに去ってからもデューラーを初めとするニュルンベルクの友人たちに書簡を送り続け、そのなかの一つにデューラーを「好もしく愛すべき友」"günstigen lieben Freundes"と呼び、デューラーの没した2年後、かけがえのない友の死をピルクハイマーとともに嘆いている[33]。

　築城論作成のための重要な情報提供者として考えられるのは、ヨーハン・フォン・シュヴァルツェンベルク Johann von Schwarzenberg（1463-1528）である。彼はデューラー没後半年にしてニュルンベルクで亡くなり、デューラーと同じくヨハネ墓地に埋葬された。デューラーは50歳の彼を描いたと思われる。ヨーハンの依頼による1511-1524年のヴァイゲンハイム近郊ホーヘンランツベルク城は、最新の城塞知識に則り新たに築造された。要塞に備えられた砲台は、デューラーが少し後に築城論で取り上げたものを想起させる。シャインフェルトから遠くないシュタイガーヴァルトシュツーフェにある先祖伝来の城館シュヴァルツェンベルク城の1518年の新しい築城も、ヨーハンに帰される。1525年の農民戦争の際、徒党は新しい堡塁に向かって押し寄せたが、そこを突破することはできなかった。

　更に要塞の理論についてデューラーが多くの刺激を受けた人物は、個人的な親交で結ばれた都市貴族クリストフ3世フューラー Christoph III. Fürer（1479-1537）であった。デューラーより8歳若いフューラーはニュルンベルクにおける指導的な鉱山経営者であり、またあらゆる軍事的

な事柄に熱中していた。ニュルンベルクの東方20キロの処、ラウフとディーペルスドルフの間にある、彼の田舎の領地ハイメンドルフに、彼は1515年最新の仕方で、二重の水濠と歩行できる塁壁の備わった要塞を築いた。その後間もなくしてフューラー家は、前述したように（第一章第二節）、一族の菩提寺であるグナーデンベルク修道院教会の屋根の鑑定人としてデューラーを招いた。このような背景のもとで、デューラーは1517年頃恐らくハイメンドルフに滞在したと思われる[34]。

デューラーが『築城論』を完成させるに際して助言や刺激を受けた人物として、以上の名が挙げられる。是に加えてヴェツォルトは、要塞化された都市の内部構成に関するデューラーの詳細な指示を、1519年から建築が始められ今日まで遺され維持されているアウグスブルクの「フッゲライ」"Fuggerei"と関連づける。「フッゲライ」には六つの長くて真っ直ぐな直交する道路の都市部分に、106戸もの2階建て列状住宅、教会、管理棟が含まれる。そこはアウグスブルクのその他の区域から四つの門により隔離される。デューラーが理想的要塞都市の平面図（第一部図17）に記した、道路の交差部にある泉が、「フッゲライ」には実際に見られる。「フッゲライ」は「敬虔で貧しい日雇い労働者、手職人および市民のための」健全な住居であり、今日もそうである。ブロックハウスは「フッガー兄弟がアウグスブルク帝国議会会期中（1518年）デューラーとフッゲライについて話したに違いない」と推測するが、ヴェツォルトもそれに同意を呈する[35]。

第四章　『築城論』の構成と内容

第一節　章の区分と大砲をめぐる稜堡構想

デューラーの『築城論』には章の区分も表題もない。ヨアヒム・カメラリウスは1535年のラテン語訳"De urbibus, arcibus, castellisque condendis ac muniendis"(Paris, Chr. Wechel 1535、巻末刊行本リスト Nr. 7）でテキストを4章に分けて、判読の便を図った。

カメラリウスによる章の区分と表題は以下のようである。

第一章：De struendis aggeribus、稜堡を築くことについて（稜堡建築の手引き）
第二章：Alia aggris struendi ratio、稜堡を築く別の方法（稜堡建築の別の提案）
第三章：Rationes condendae arcis、要塞を築く方法（要塞建築の手引き）
第四章：Antiquae civitatis muniendi ratio、古い都市を要塞化する方法

『築城論』の近代ドイツ語版（1823年、巻末刊行本リスト Nr. 6）の匿名編纂者は、テキストを稜堡と要塞の種類から4章26節に分けた。カメラリウスとの相違は、匿名者が第二章を第14節と

111

第三部　デューラー「築城論」解説

して第一章に組み入れ、2つの完全に異なる問題（理想都市と円形要塞）を扱う第3番目の方法を、2つの別個の章に分けた点にある。解説の初めに述べたように、アルヴィン・E.イェッグリの現代ドイツ語訳は、この1823年版の4章26節の区分と表題を踏襲する。本書のテキストもこれに倣う[36]。

従って本書邦訳の構成は次のようになる。

第一章　稜堡の建築（第1-14節、図1-15）
第二章　要塞化された首都の建設（第15-19節、図16-17）
第三章　狭隘地の円形要塞（第20-23節、図18-19）
第四章　既存都市の要塞に関する一層の強化（第24-25節、図20-21）

　デューラーによる『築城論』の稜堡構想の提案は、前述したように（第一章第一節）、新型大砲への対策によって動機づけられるが、ヴェツォルトはそのような対策がなされる歴史的な状況として、ドイツの都市要塞システムが15世紀中葉まで本質的な変化を殆どみないまま、古代から継承されたままの状態であったことを指摘する。中世の都市は以下のような基本構成部分から成立していた。都市は一つか幾つかの城壁に囲まれ、城壁の間に門と塔が設けられる。空壕か有水の濠が城壁全体を取りまく。しばしば城壁と壕の間に、壕を防御するための通路のような空間がみられ、壁か砦柵によって壕から分離される。それがツヴィンガーである。ニュルンベルクを西側の城塞から遠景のティーアゲルトナー門と城まで描写するデューラーの水彩画（W.116、挿図4）は、城壁にとりまかれた中世都市の光景を今に伝える。

　大砲の導入と発展は、中世の要塞を三つの点で改良するように迫った。第一に攻囲軍の砲撃に対する強化された防御、第二に防御側の大砲設置の場所、第三に大砲による近距離攻撃、つまり壕に侵入してきた敵軍への砲撃である。最初の二つの要求は次のように解決が図られた。既設の都市城壁は強化され、土塁で砲火に耐えるようにされた。それにより城壁は拡大され、城壁上部と塔の監視台に大砲が設置されるようになった。とりわけ厚くて高い円塔（例えば14世紀末のハイデルベルクの円塔）が防御の上で主役を演じた。

　塔と城壁上の砲列は、軍が壕に侵入すれば、平射の効果を発揮できないので、ツヴィンガーは土を盛られて、低い土塁あるいは外塁に変えられ、そこから防御側は壕の中にいる敵軍に向けて砲撃し、これを掃射することができた。更に側面から攻囲軍を攻撃するために、前に突出した所謂円筒形堡塁や稜堡のある低い土塁が造られ、砲台が稜堡に設けられた[37]。

第二節　『築城論』第一章　稜堡の建築（本書2〜26頁参照）

　前述したように（第二章第三節）、最古の稜堡は、厚板と柴垣と土を組み合わせて造られた。このような土と木による要塞建築を否認することから、デューラーの築城論は始まる。仮設建造物や野戦の築城手段としてのみ、彼は土塁を認める。そうでない場合、デューラーは石造の建築を要求する。彼の提案は恒久的な建造物を考慮し、最大規模の手段を自由に使用できる建築主を

第四章　『築城論』の構成と内容

前提としている。デューラーの示した規模は壮大である。彼の計画に従って稜堡を建築することを、デューラーはピラミッド建築に準え、高額の費用の対価として安全の保障と失業対策を挙げる[38]。

「彼〔エジプト王〕は多くの費用をかけてピラミッドを建てたが、それは役に立つものではなかった。それでも建築のために費用をかけたことは非常に有益であった。というのも諸々の君主は多くの貧しい人々をかかえ、彼らの生活は各人の労働に対して支払われる日当で維持されるか、そうでなければ施し物で維持されなければならないからである。彼らが物乞いをしないですめば、それだけ彼らは反乱を起こさないですむ。君主がある日敵軍に自国を侵され、自国から追放されるよりも、多大の費用をかけて要塞を建築し、自国に留まる方が当然よいわけである。」

テキストの半ば以上を占めるこの章では、大きさと内部構造を異にする稜堡建築の三つの方法が呈示される。共通しているのは、突出する半円形と長方形の組み合わせからなる平面図である。ここで取り上げられるのは、城壁で守られた都市の稜堡建築である。都市城壁の突出する角に、つまり城壁のある都市の平面図をなす不規則な多角形の隅に、稜堡が設けられる。稜堡前面の壁は、砲撃に耐えられるように、傾斜していなければならない。その平面図は後部の長方形と前部の半円形領域の組み合わせからなる（第一部図９、以下第一部は省略）。稜堡に半円形領域が設けられるのは、都市城壁からかなり前方に突出した処から、大砲で城壁の側面を防御するためである。

稜堡の規模は、基礎下部で長方形の長さ300シュー、幅60シュー、円形部分の半径は170シュー、高さ150シューである。因みに１シューは約30cmである。外壁は基礎の処で厚さ18シューであり、上にいくに応じて若干細くなる。壕は下の幅で最大200シューまで広げられ、55シューまで深くされる。稜堡の直ぐ前の壕底に、幅18シュー深さ12シューのもう一つの壕が設けられる。

稜堡屋上のプラットフォームは板石か木の厚板で覆われ、その周りに胸壁が繞らされ、挟間がその間に設けられる。プラットフォームの前方、両側面および後方に、20に及ぶ砲台が、都市の方向を基点として据えられる。10台は強力な主武器の40ポンド砲用、10台は筒の長い野砲用である。砲台は万一の場合に備えて、都市に向けても据えられる。壕を防御する下の８つの砲台には挟間、採光用開口部、通気口および排煙口が備えられる。稜堡の中核部分に配された空間（平面図に＋で記された）は、秘密の宝物庫と収納庫用である（図11）。

稜堡の内部は同心円的に放射状に配置される高くて強固な壁の網目細工からなり、それによって形成された部屋には砲撃に耐えられるトンネル型天井が架けられる。階段と通路のシステム（図10）は稜堡の内部で上のプラットフォームにも下の砲台にも通じる。城壁間の歩廊が砲台への通路となる。稜堡の主要部分は控壁と城壁によって複雑に分けられているので、敵軍が前面の壁まで進出したときでも、稜堡の防御はまだ可能である（図12）。

デューラーは城壁の隙間を土で満たすだけでなく、野原の石、岩石の粉末、砂、石灰水からなる粗い石灰モルタルを流し込んで埋めることを勧める。稜堡と都市の連絡は地上では階段、扉口

113

第三部　デューラー「築城論」解説

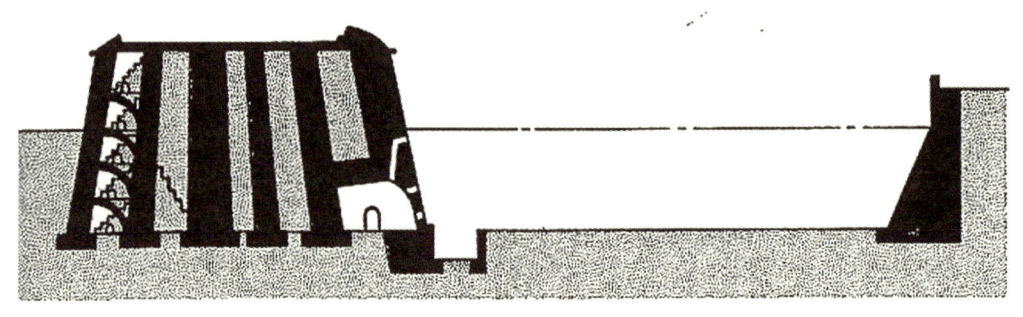

挿図18

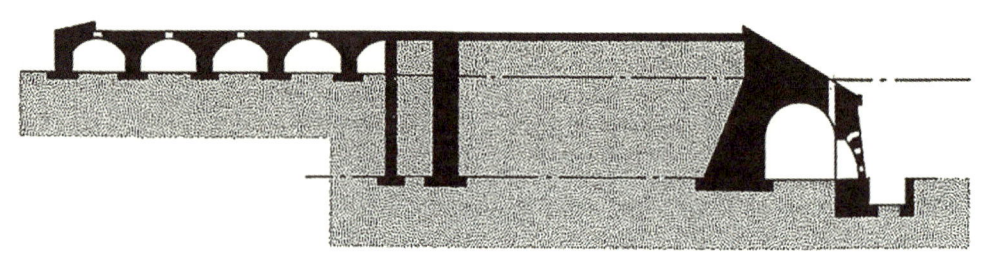

挿図19

および跳ね橋、地下では秘密の通路によってなされる。砲台のすぐ前の水のない壕の底面に、第二のかなり深い壕が掘り込まれる。それは敵兵がその壕に落ちて、直ぐには挟間のところまでこられないようにするためである。挿図18はイェッグリによる上記稜堡の模式断面図である（後述の挿図19についても同様）。

　この方法の最後に、デューラーの提案通りに実現できない資金の乏しい君主に、二種の簡素化が呈示される。その一つは、下の砲台にトンネル型天井を架さずに、それを壁で井戸状に作り、硝煙の排出のために上部を開けて、上から格子を被せるという方法であり、他のそれは、前面壁から30シューの処に、稜堡を繞って適度に高い第二の壁を築き、そこに壕の防御用に挟間を設けるという方法である。その際、稜堡と壁の間は土で埋められる。

　稜堡建築の第二の方法では（図13）、稜堡本体が都市壕の内側に大幅に組み込まれる。それにより最初の方法の不十分に形成された側面は著しく改良される。この建築物の規模は最初の方法より更に大きい。壕に突出する半円形領域は半径200シューで、2つの平行する壁アーチからなり、それらの間にトンネル型天井の架せられた砲台がある。半円形の内壁と都市城壁の間には瓦礫が詰められ、砲台への通路以外に空所は含まれない。都市側の長方形領域には、トンネル型天井の架けられた糧食保存室と弾薬保管室が収納され、多くの大砲と銃砲の挟間がそこに設けられる（挿図19）。第二の方法は更に簡素化され、都市側に砲台は据えられず、小規模となる。それが第三の方法である（図14）[39]。

第三節　『築城論』第二章　要塞化された首都の建設 (本書26～37頁参照)

　『築城論』のなかでよく紹介されるのが、この章の理想的な要塞都市と次章の狭隘地の円形要

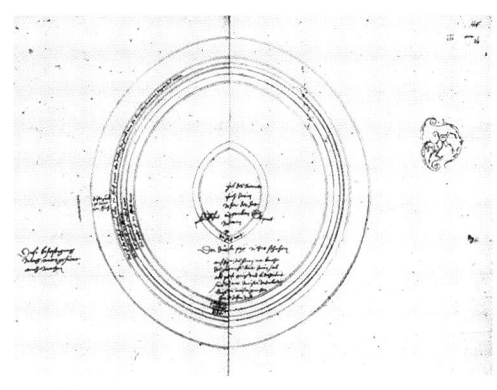

挿図20

塞の構想である。理想都市は、ルネサンス以来繰り返し理論家と都市計画者によって構想された。彼らは全て多かれ少なかれウィトルーウィウスに依拠する。デューラーもこの章でウィトルーウィウスを引き合いに出している。ウィトルーウィウスは防御技術的理由から円形を重んじた。「都市と村落は方形あるいは突稜形ではなく、円形に建設されなければならない。そうすれば敵兵は多くの場所で身を潜めることはできない。稜角が突出していれば、敵兵は多くの場所で、都市の市民や居住者よりも守られる」(ウィトルーウィウス『建築書』、1の5)。デューラーが理想都市の平面図を構想するに際して、それを四角形にするか円形にするかで逡巡したのは、ウィトルーウィウスのこのような教えにもよるところが大きいと考えられる。挿図20はそのようなデューラーの円形構想を示す『築城論』草稿のスケッチである。ともかくもそれは最終的に四角形に決められた[40]。

　デューラーの構想する要塞化された理想都市と王家邸館は、南の山地から1マイルのところにある平野に造営される。都市の南に河川がなければならず、その水流は壕を通して都市周辺部に導かれる。平時にはこれを釣り場として利用することもできる。反対に壕が干されれば、「弓、弩、鉄砲の射撃場となり、球打ちや動物と木々の庭園となる」。

　要塞化された都市全体の平面図は、一辺の長さ4300シュー(≒1290m)の正方形である。死角の減少を計るためまた暴風雨に備えて、その四隅は600シュー(≒180m)の斜形にされる(図16)。都市の四隅はウィトルーウィウスの教えに則り、「4つの風」に向けて方向づけられる。この要塞構想はドイツ最初の多角形プランとしてよく知られている。

　都市周辺の、「そこから小1マイルほどの範囲内、つまり筒の長い野砲の砲弾が達する範囲内には」建物も掩蔽施設も建ててはならない。都市には北東に対してただ一つの大きな門がある。君主には秘密の出口がなければならない。通常の交通には北西の方を向いた小さい門が使用される。

　王家邸館は都市中央にあり、その規模は800シュー(≒240m)平方である。その造営について「王家邸館をどのように建築するかについては、古代ローマのウィトルーウィウスが明確に記し

第三部　デューラー「築城論」解説

ている」とのみ記される。王家邸館の周辺には幅60シュー高さ40シューのツヴィンガーと、深さ50シュー幅60シューの壕が配される。ツヴィンガーには四角形の各側面中央に、跳ね橋つきの四つの門がある。四つの門には塔が建てられる。塔の幅は下部100シュー上部70シュー高さ135シューで、低めの屋根がついている。東隅には高さ200シューの監視塔がある（上の幅は下の幅の半分）。それを内陣とみなして、そこに礼拝堂を設けることもできる。別の四つの塔は住居として整えられる。

都市全体は2つの塁壁と3つの壕で守られ、それらの間に2つの平地がある。双方の塁壁にそれぞれ門が設けられるのは、一方の門が奇襲で奪われても、他方の門が防御に役立つからである。最初の塁壁は高さ60シュー、その下の幅は150シュー、上の幅は100シューである。その周囲に深さ50シュー、幅50シューの、内側が垂直の壕がある。この壕に長さ100シュー、幅100シューの砲台が8つ据えられる。この壕の周囲に幅150シューの舗装された平地があり、市場やその他のものの開催に使用される。そこはまた野外演習場としても2000頭の馬の厩舎と簡易家屋などの建物のための敷地としても使用される。その周囲に第二の塁壁があり、最初のそれより10シュー低い。その周囲に広さ150シュー、深さ50シューの第二の壕があり、そこに跳ね橋が架けられ、12の砲台が据えられる。また第二の塁壁を通る出口には厚さ12シューのトンネル型天井が架けられる。双方の塁壁に同じ間隔で幅25シューの狭い急な木の階段が設けられる。外側の塁壁に低い監視小屋が建てられる。第二の壕の周囲に幅150シューの平地があり、その周囲に壁のない深い壕がある。壕を造ることで得られた土は、内側の平地の盛り土に使われる。平地には風車か馬による製粉装置、および高さ7シューの階段付き柵あるいは壁が、監視のために設けられる。塁壁に架けられた橋に頑丈な城門が設けられる。

王家邸館を直接取り囲む空間は、以下のように分けられる。括弧内の数字は、デューラーが王家邸館を取り巻く都市建築プランに記入したものである（図17）。

隅Aに教会（2）とその塔（鐘楼）（3）、聖具室（香部屋）（4）、司祭館（5）の中庭と梨の木の植えられた小庭（6と7）が配置される。教会の前に泉付きの美しい三角形の広場（1）がある。井戸は都市全体に配置され、家屋ブロック前中央と道路の交差地点に置かれる。

教会に次ぐ重要な建物として、四つの鋳造工場（8，9，10，11）が隅Cに置かれる。隅Cに工場を置く理由は次のように述べられる。「隅Cに工場を造るのは風によって有毒な煙を消散させるためである。一年を通して風は大抵西と北から吹き、また東風も吹くので、そのような風が煙を城郭から追い払ってくれる。南風だけはめったに吹かない。もし吹けばこの煙を城郭のなかに吹き込むであろう。それ故この都市ではそのような場所が鋳造小屋に最も相応しいと私に思われる」。同じ気象学的衛生学的視点のもとに、都市壕における埋葬は禁じられ、教会墓地の設置は東の方の山地に求められる。「王は死体を壕の内側に埋葬させてはならず、そのための教会墓地を城郭から東の方にある山地の近くに作らなければならない。そうすれば臭気は、多湿な時

挿図21　　　　　　　　　　　　　　　挿図22

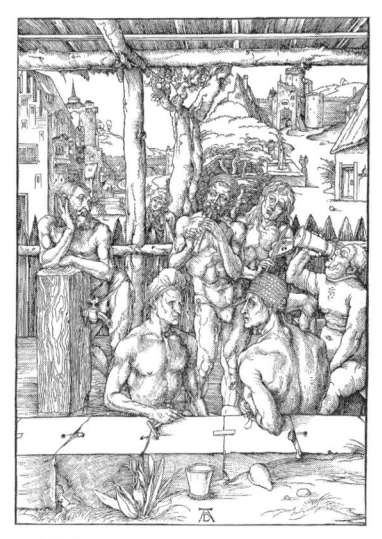

期に最もよく吹く西風によって追い払われる」。

　Aの方に方向づけられた王家邸館の門の前に市場（12）があり、その傍に市庁舎（13）とその中庭および井戸があるが、市庁舎の一階に雑貨店はない。市庁舎に接する家屋ブロックとその向かいのそれは、その中央に斜めにおかれた四角形の光庭（Lichthof、採光用の中庭）を共有する。ベルリンの団地アパートのように、幾つかの家が光庭を分有する。これらの家屋に住むのは参事会員の家族である。一方ブロック17と18に住むのは貴族、かなり小さな家屋を擁するブロック15と16に住むのは軍人、ブロック19、20、21に割り当てられるのは商人である。

　鋳造工場に隣接する幾つかの小路には当然銅細工師、鋳型職人、旋盤職人および類似の細工職人と手職人が住む（ブロック22、23、24、25）。都市部分CB側に耐火製のトンネル型天井付き建物である大きな武器庫があり、そこに地下ワイン醸造所と穀物置き場もある（26と30）。隅Bは中庭付きの大きな木造倉庫（34）とそれに隣接する手職人住居（35）によって占められ、建物ブロックの労働者住居28と32には男性用風呂Mと女性用風呂Fが小路を挟んで相対している。これに関連してデューラーの2つの作品、女性の入浴場面を描写した素描「女性風呂」（W.152、挿図21）と、ニュルンベルクの画家職人たちが土曜日の夕べに楽しむ光景を描写した木版画「男性風呂」の描写（B.128、挿図22）が自ずと想起される[41]。

　様々なグループの手職人たちの、建物ブロックへの配置についてデューラーはこと細かに考える。例えば車大工は塁壁の傍の36に住むべきである。「そうすれば彼らは轅と木材を塁壁に立てかけることができるからである」。都市部分BD側は一様な家屋グループからなり、そこに職種ごとに秩序正しく様々な仕事場が収容される。食料小売人はここに住む。そして王家城館の壕の周りにおかれたブロックの隅に、ワイン飲み屋が配される。

　隅Dの隅には大きな食糧貯蔵室（52）が割り当てられる。「この家屋にラード、食塩、乾し肉および種々の香料を保存する。またこの家屋に天井床を設け、穀物、からすむぎ、大麦、小麦、

挿図23　　　　　　　　　　　　　挿図24

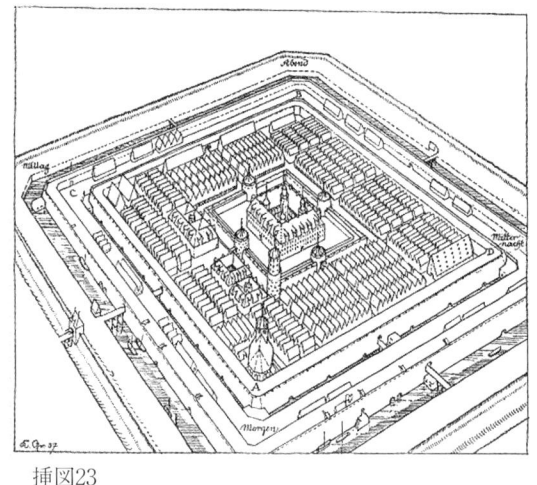

粟、豌豆、偏豆および種々の豆類をそこに保存する。」

　食料貯蔵室（52）の近くにある家屋ブロックは、様々な種類の武器・兵器製造者と金属加工業職人に割り当てられる（49-51）。ブロック48には美術家と工芸師、「王のための金細工師、画家、彫刻家、絹糸刺繍師および石工」が住む。最後に都市部分DA側に食料品店が割り当てられる。肉屋たちはここに彼らの売り台をもち、店の隅に彼らの職業の記しである肉屋の斧が掲示される（55と56）。パン屋はその向かい側で働く（57と58）。一方ビール醸造業者たちには塁壁の傍の「家屋ブロック」（59と60）が定められる。「そこに地下貯蔵室と酒場を設ける。ビール醸造所を最も外側にある壕の内側に設け、そこで働く人たちは〔城郭の〕隅Dでビア樽の内側に瀝青を塗る」。

　その他の居住者は都市全体に配置される。王家邸館の壕の周りに商人たちが丸天井のある部屋を有し、両替屋、金商人、銀商人、香辛料商人および薬屋が店を開く。人が散髪とひげそりのために遠いところまで行かなくてすむように、床屋は都市の4区画の全てに均等に配置される（例えば29）。この理想都市における家屋は、少なくとも50シュー（15m）の長さをもたなければならない。塁壁から塁壁までの道路の長さは2212シュー（≒663.6m）、主要道路の幅は50シュー（≒15m）、小路の幅は25シュー（≒7.5m）、広場の大きさは300×200シュー（≒90×60m）である。デューラーの建築計画はほぼ1000の建物を含む（一戸建ての公の建物とそれぞれ20から40の家屋を擁する家屋ブロック）。建築の大きさは古いニュルンベルクのそれに完全に対応する訳ではない[42]。挿図23は図16-17とデューラーの記述に基づいて描かれたカール・グルーバーによる模式図である。

第四節　『築城論』第三章　狭隘地の円形要塞（本書37〜45頁参照）

　この章は「海と山地あるいは高い岩山の間に横たわる狭くて平らな土地」に築かれる「堅固な要塞」"Clause"について述べられる。デューラーが描いた「アルコ風景」（W.94、挿図2）の要塞も岩山に築かれているが、デューラーの"Clause"は、それが防御的な視点から選ばれた円形平面図から展開されているという点で、本質的にアルコ要塞と区別される。円という形式は要塞の

挿図25

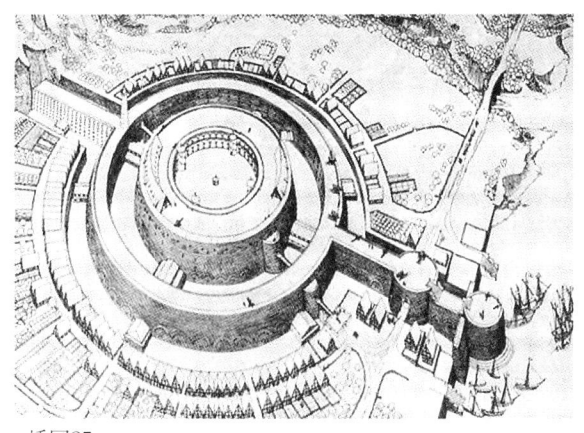

狭い前面部において砲台の展開を最大限に可能にし、あらゆる方向に向けて砲撃効果を昂める。ミラノのアンブロジアーナ図書館所蔵の風景素描(「断崖と海の間の要塞」、W.942、挿図24)は、デューラーが想い描いた要塞の外観を示唆する[43]。

　要塞の核となるのは、中庭(直径400シュー、練兵場にもなる)とそれを取り巻く円形建築("rundes Haus"、広さは下部で150シュー、上部で110シュー)である。中庭の中央に井戸がある。円形建築の平滑に傾斜する前壁は厚さ15シューで、壕底から120シューの高さで聳える。それは塁壁よりなお20シュー高い。円形建築内にトンネル型天井付き通路(上下二層、広さ15シュー)が設けられる。通路の前にある4つの螺旋階段から「人は全ての部屋に入ることができる」(図18-19)。

　円形建築は中央を基点として放射状に、12シューの厚さの40の壁で仕切られる。外壁の厚さは円形建築を取り巻く壕の底の処で15シュー、内側で3シューである。この円形建築に300頭以上の馬の地下厩舎が収納される。通路の前にある4つのトンネル型天井付き入り口が厩舎に通じる。地下厩舎の上に同型の40の住居用と台所用と貯蔵用の部屋があり、その出口は中庭に通じる。非常に強固に作られた雨樋付きの屋上は、大砲設置のプラットフォームとして役立つ。円形建築には前の壕を守るために、32の銃眼が設けられる。

　円形建築は環状壕(広さ100シュー、深さ50シュー)に取り巻かれる。この内壕は更に環状塁壁(広さは下部で100シュー、上部で65シュー)に取り巻かれる。壕にはそこに進入した敵兵を掃射するため、それぞれ10の砲台の据えられた4つの掩蔽通路が、その全幅を占めるように設置される。塁壁上には時計塔を兼ねた監視塔(高さ150シュー、壁の厚さは下部で30シュー、上部で20シュー)が灯台のように高く聳える。

　塁壁の意義は大砲や火砲を支えることにある。攻撃する敵兵が塁壁を占拠したとき、彼らの頭部は中央の円形建築から砲撃に曝される。また塁壁にはそれを通る間道が造られる。

　塁壁は更に外側の環状壕(広さ80シュー、深さ40シュー)に取り巻かれる。この外壕には6つの掩蔽通路が設けられ、それぞれに6つの砲台が据えられる。これらの砲台から側面と前方に向けて砲撃をなすことができる。それらは壕の中に50シュー突出し、その幅は75シューである。内壕と外壕の上に屋根付きの橋が架けられる。

119

第三部　デューラー「築城論」解説

円形建築から真っ直ぐな塁壁が南北に延ばされる。その一つは岩山の麓に達し、そこに武器庫と穀物貯蔵庫が設けられる。もう一つは反対方向に海まで延びる。半円形稜堡に接続して作られた塁壁の先端から、人は半円を描く階段で水辺に降りる。

平時には塁壁の風車小屋と外壕の馬力製粉所の粉ひき車が回転し、要塞に必要な手職人用のハーフティンバー造りの家屋が、外壕の周りを環状に取り巻く。これらの家は容易に撤去される[44]。挿図25は図18-19とデューラーの記述に基づいて描かれたカール・グルーバーによる模式図である。

第五節　『築城論』第四章　既存都市の要塞に関する一層の強化(本書45～50頁参照)

この章では、「見事な城壁と塔、ツヴィンガーおよび壕のある立派に建設された優雅な都市であるが、今日の大砲に耐えるほど十分に強力でない」都市を、昔の城壁をそのまま保存しながら、新たに要塞化することが課題とされている。

ヴェツォルトによれば、デューラーの時代には都市の新たな要塞化に三つの可能性があった。第一は、既にある都市の城壁に新たな塁壁と建物が直接繋がれる。第二は、新しい稜堡と建物がその前に設けられる。第三は、それらはその後ろに設けられる。パドヴァでは1509年に新しい稜堡が城壁の後ろに設けられた。この立場を代表する人物が16世紀から17世紀への転換期に論文「新たな要塞化とマキアヴェッリ」を著した公爵フィリップ・フォン・クレーヴェであった。デューラーは昔の城壁の前に新しい稜堡を築くことを提案する[45]。

デューラーの提案では、古い都市壕から700シューの間隔をおいてその周囲に、あるいはその土地の諸制約がこれを許さない場合最も重要な場所に、深さ80シュー、幅150シューの新しい壕が掘られる（図20）。壕の斜面をなす内岸には、下部20シュー上部13シューの厚さの壁が被される。掘りだされた壕の土は、この内岸から古い都市壕の方に向かって、400シューの広さに亙り盛り上げられ、その半ばでそれは高さ50シューの土塁をなす。この高さのまま土塁は150シューの広さで都市壕を繞る。都市壕側の土塁頂上に高さ4シューの胸壁が設けられる。胸壁のある処から地面は都市壕の方に向かって斜面をなすが、その際、土塁と都市壕の間になお100シューの広さの、なにもない平地を残すようにする。斜面は壁で覆われない。

壕の内岸と土塁頂上との間の斜面は堅い角石で覆われ、壕側の土塁頂上に胸壁が設けられ、その後ろに大砲が据えられる。壕には内岸に沿って各々200シューの間隔で、砲台が設けられる。それらの砲台は高さがあまりなく、当時の鋳造工場の製造法に従って、上部が開き、硝煙を除くためそこに格子が嵌められる。壕にあるこれらの砲台間の中央に、ナップクーヘンのようにみえる円形掩蔽通路が設けられる。これらの孤立した防御施設が地下の通路を守る[46]。

1527年に制作されたデューラーの2枚続きの大きな木版画「都市の攻囲」（B.137、図22）には、塔と都市城壁と門を備えた中世都市が示される。都市を囲む古い城壁からとてつもなく大きな稜堡が突出し、その前に深くて幅広い壕がある．その壕には上が開いた円形の砲台がある。稜堡の

プラットフォーム上の砲列は、稜堡前方の砲撃陣地に進出した攻囲軍の砲兵隊と砲撃戦のさなかにある。砲兵隊の後ろで歩兵隊が塹壕を掘っている。

　従来この木版画は『築城論』のこの章と関連づけられてきた[47]。しかし木版画の描写がこの章の内容に適合しない点があることもすでに指摘されている。例えばショッホは、「画面左に描かれた中世都市の要塞の壁は、デューラーが補強柱で壁を強化しているにも拘わらず、当時の砲撃隊の攻撃にはもはや耐えられそうにない。その砲撃力は、拡大された壕に大きく突出する視覚的に甚だ目立つ稜堡を破壊するに十分である」と述べる[48]。ショッホのこの指摘と本章の主旨を重ねて考えれば、デューラーはこの作品で、昔の城壁に守られた都市の防備の弱点を、示そうとしたとも推量されよう。

　その一方でこの木版画は、ヴェツォルトとイェッグリにより、城壁のある古い都市の要塞化に関するデューラー草稿（ロンドン・大英博物館所蔵）の次の文と、関連づけられる。

　「〔敵方の〕猛攻に曝されながら、この塁壁によって人が身を守ろうとするとき、火砲をもつ勇気ある兵士が、都市の二つの側から堂々と整列しながら隊列を組んで、呼び寄せられなければならない。彼らは敵に損失を与え、少なくとも〔敵方の〕突撃を防ぐ。このため人は、戦争を経験しそれに熟達した勇敢な思慮分別ある隊長を用いなければならない。人は彼のような人に従順に従い、秩序をよく守り、一人として逃走に身を委ねてはならない。逃走中にうける損傷は、〔迎え撃つときに〕敵が彼らに与える損傷より大きい。それ故彼らはあくまで〔持ち場に〕留まり〔そこを〕防御すべきである。彼らは恐怖にも弱気にも用心しなければならない。神が男らしい思慮と分別ある心構えを与えていれば、しばしば経験されたように、彼らの多くが脱落することはあまりない。大勢の敵が塁壁前のこの広い壕を占拠し、この塁壁前面の厚い壁をよじ登って突撃しようとしても、塁壁が築かれているので、高さ４シュー、厚さ３シューの胸壁を塁壁の前面に造れば、そこから射撃や投石をなし、火道具を用い、熱湯を注ぎ、またその他の突撃兵器を用いて、防衛することができる。この塁壁の斜面は非常に低く平らであるので、人はその上を歩き回り、防衛することができる。敵が斜面まできたときには、大きな丸石を彼らに向かって滑り落とせばよい。このように防御では敵より有利であるので、彼らはそれだけ恐怖心を抱かずにすみ、勇敢な気持ちを維持できる。決して神のご加護を疑ってはならない。」[49]

　上記引用文の「火砲をもつ勇気ある兵士が、都市の二つの側から堂々と整列しながら隊列を組んで、呼び寄せられなければならない」という箇所は、木版画の左下の描写に確認されるが、「大勢の敵が塁壁前のこの広い壕を占拠し、この塁壁前面の厚い壁をよじ登って突撃しようとしても、塁壁が築かれているので、高さ４シュー、厚さ３シューの胸壁を塁壁の前面に造れば、そこから射撃や投石をなし、火道具を用い、熱湯を注ぎ、またその他の突撃兵器を用いて、防衛することができる」という塁壁に関する箇所は、木版画では曖昧な形でしか認められない。

　この木版画と『築城論』およびその草稿とのこのような異同は、近世初期における新型大砲の出現とその破壊力に対して、対応が迫られている当時の都市の状況を、よく表しているとも言えよう。

第三部　デューラー「築城論」解説

　本章の終わりに述べられるのは、土塁上に据えられる大砲、砲架車および巻き上げ機に関する事柄である（図21）。デューラーのここでの提案は、土塁上に常置される砲架車は、反動作用を軽減するために、小型車の方がよいこと、大砲全体の軽やかな方向転回のために、砲架車の末尾に長めの円筒が取り付けられること、大砲を車台上で側方に転回させられるように、砲架車が車軸上の柄穴に入れられた頑丈な鉄製の柄によって動かされること、および砲架車の高さの微妙な調節のため、砲身の砲尻と砲架車の壁の稜の間に小さな巻き上げ機を嵌め込むこと、の４点である。

　図21の大砲は口径と砲身の長さから、ほぼ25ポンドの重さのある鉄球の砲弾が撃ち出される半40ポンド砲とみられる。大砲の側面図には、砲身を上にあげるのに役立つ柄が、砲架車の壁の柄穴にどのように入れられているかが見られる。砲尻の点火用穴には保護の覆いが付けられ、砲架車の前面には牽引用鉤が取り付けられる。砲架車末尾の梁に固定された輪は、大砲のおおまかな調節に役立つ。大砲の砲尻に取り付けられた器具は、高さを調節する巻き上げ機で、17世紀に登場する調節ねじの先型である。その横に描かれているのは側方調節巻き上げ機で、床に固定するために爪が付けられている。

　イェッグリは彼の編纂になる『築城論』のファクシミリ版で、この項だけでなくデューラーの『築城論』および版画や素描に登場する大砲について詳説する。

　イェッグリは先ず、大型木版画「凱旋門」（B.138）のマクシミリアン皇帝の砲兵隊を描写する部分図（挿図６）と1518年の鉄版エッチング「大きな大砲」（B.99、挿図７）のモデルは、ニュルンベルク武器庫の大砲であることを指摘する。後者の大砲は砲身の紋章からニュルンベルク製であり、しかもすでに時代遅れになっていた型で、15世紀後半に典型的であった「ブルゴーニュの大砲」と称されるものである。但し、荷車から取られたような車輪は、少なくとも数トンはある砲身の重さと樫材の重い砲架車を実際には担えそうにみえない。

　イェッグリは次に『築城論』で砲弾の軌道逸脱について述べられる箇所に注目する。「大砲を前に動かし、砲口を壁の前に突き出すため、挟間と挟間の間では胸壁の厚さを僅か３シューにする。そうすれば砲弾は硝煙のため軌道から逸れることはない。挟間の内側にある砲口から発射されれば、どの壁も砲口の間近にあるので、硝煙のため砲弾を見当違いの方向に発射することになりかねない。そうすれば確実な砲撃はなされない」（第一章の５）。『築城論』には砲弾の軌道逸脱の危惧だけでなく、傾斜する壁が砲弾を跳ね返す利点についても記される（第一章の11）。

　イェッグリは更に『築城論』の用語の違いから、砲の口径を次のように区別する。

　a．«püchsen»あるいは«zeuch»．これは40ポンド砲を指し、«das gewaltige geschütz, hauptbüchsen, hauptstuck, das grosz geschütz, das stark geschoß»あるいは«große stuck püchsen»とも表記される。

　b．«schlangen»．口径の大きさが40ポンド砲に次ぐ、筒の長い野砲を指す。

　c．«hacken»．架台上で鉛の球を発射する鉛砲を指す。

122

d. «handgeschosz». 当時ドイツに新しく導入されたマスケット銃（火縄銃）を指す。

　イェッグリは最後に、前述したように具体的な体験に基づくデューラーのペン素描「ホーエンアスペルクの攻囲」（W.626、挿図8）を取り上げて、そこに描かれている大砲が、シュワーベン戦争後に南ドイツの武器庫で眠ることになった時代遅れの大砲、臼砲および筒の長い野砲であることを明示する[50]。

第五章　『築城論』の後世への影響

第一節　『築城論』の後世への影響

　デューラーの『築城論』から影響を受けた建築技術者が文書で確認され証明されるということは未だになされていない。それをヴェツォルトは認めながらも、16世紀のドイツの一連の要塞建築が同書の諸構想により築かれたと推測する。その例として彼はインゴルシュタット要塞を挙げる。

　ヴェツォルトが1538年に始められたインゴルシュタットの要塞化にデューラーの影響をみるのは、要塞技術家ゾルムス伯爵ラインハルト Reinhardt Graf zu Solms が都市城壁に平行してその壕の前に大砲の設置に適した塁壁を築いたからである。ヴェツォルトは、城壁で囲まれた都市の要塞化に関するデューラーの構想がそこに適用されているのを認める。

　更にゾルムス伯爵は不規則な塁壁多角形の隅角点に、城壁のある独立した稜堡や塁壁の上に聳える円筒形堡塁を設けたが、そこにもヴェツォルトはデューラーの影響をみる。1573年のインゴルシュタット要塞のミュンヘンにある煉瓦製のモデル（挿図26）には、城壁のある稜堡がはっきりと認められ、ハイリゲン・クロイツ近郊の円筒形稜堡（挿図27）には、土を盛って築かれた堡塁が見られる。特に後者はデューラーの稜堡と形の点で類似する[51]。

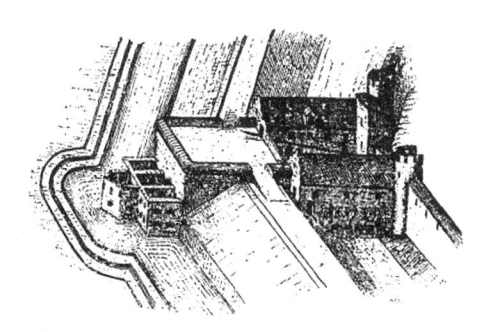

挿図26　　　　　　　　　挿図27

　唯一デューラーの理念が実現された稜堡とヴェツォルトが認めるのは、1564-1582年に築かれたシャフハウゼンの所謂「ウンノート」（Unnot）あるいは「ムノート」（Munot）である。それ

第三部　デューラー「築城論」解説

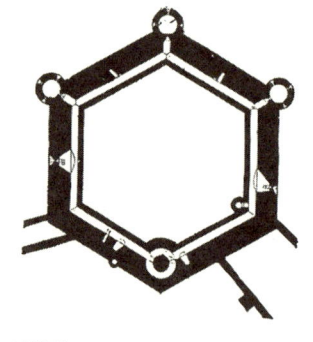

挿図28　　　　　　　　　　　　　　挿図29

は円筒形稜堡の観念を慎ましい大きさで今日に伝える。「ウンノート」（挿図28-29）は六角形の基礎の上に、二階建てで造られた円形建築である。規則的な多角形の三つの北の隅角に、円屋根付きの軽砲用円形砲台が備えられる。これに付属する空壕掩蔽通路とその砲台が結ばれるのは、六角形の辺に平行に走る地階の通路を通してである。南側に高い円塔がそそり立ち、その内部にある螺旋階段を通して、兵士の移動と大砲の運搬はなされる。この稜堡には主要空間および砲撃陣地として、攻囲軍の砲撃に耐える記念碑的な掩蔽設備が包含され、九つのずんぐりした円柱が稜堡の肋骨のない交差穹窿を支える。光と空気は穹窿天井の丸い格子付きの四つの開口部を通して得られる。この稜堡はこれらの点でヴェローナのボッカーレの稜堡（挿図16）に類似する。掩蔽設備の被いの上には土が6メートルの高さで盛られ、その上に砲台用に造られた展望建築が設けられる[52]。

第二節　『築城論』の継承者

『築城論』にスケッチされたデューラーの理念を継承し、著書『要塞論』（1589年）でそれを完成させた理論家として、ヴェツォルトはダニエル・シュペックレ Daniel Speckle（1536-1589）を高く評価する[53]。将校で技術者であったシュペックレは、彼の時代のイタリアの要塞理論家タルターリア Tartaglia とマルキ Marchi から豊かな知識を吸収した。その一方でシュペックレは極めて強い自己と民族の意識のもとに、イタリアの要塞技師と異なる独自の要塞建築の理念を懐いていた。ヴェツォルトはシュペックレのそのような自負心を窺わせる証として、『要塞論』の序文から「私がより良いものを考案しその実現法を知るとき、如何なる規則も私を縛りつけないことを、彼ら〔イタリアの要塞技術者〕は知るであろう」、および「そしてイタリア人たちは全ての彼らの稜堡において古いありきたりの規則を使用し、また彼らは既存の防御施設しか知らないので、私はまさにこのような既存の稜堡で彼らに答えようと思う。だが強大な敵軍を迎え撃ち、それを撃退するほどに強固であると私が考える私らしい仕方で」という箇所を引用する[54]。

要塞化された前面とその前に置かれた大きな半月堡を連携させて、大砲による遠隔砲撃の役割を半月堡に、近距離からの攻撃に対する防御の役割を要塞前面に担わせるという手法に、ヴェツォルトはシュペックレの独自性をみる。そしてヴェツォルトは西洋の要塞建築におけるシュペッ

第五章　『築城論』の後世への影響

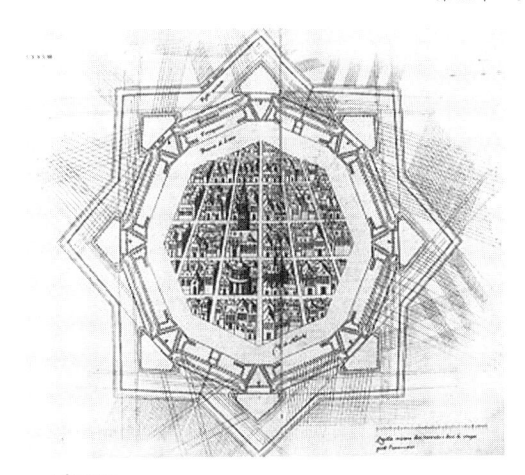

挿図30

クレの功績を、「シュペックレの強化された手法は、向こう数世紀に亘って実際に、稜堡に関する新しい着想の汲めども尽きぬ源泉であり続けたのと同様に、ヨーロッパの要塞術の基礎となり権威であり続けた。ヴォーバン Vauban（1633-1707）もコルモンテーニュ Cormontaigne（1696-1752）もシュペックレの両肩の上にのる」というマックス・イエーンスの文を引用して称揚する(55)。

シュペックレの『要塞論』で良く知られているのは、要塞に守られた理想都市のプランである。シュペックレの理想都市（挿図31-32）は、その基本形においてフランチェスコ・デ・マルキ Francesco de Marchi（1504-1576）の著書『軍事建築論』(56)に示される構想（挿図30）を想起させる。即ち、シュペックレには八角形の放射状図式に対応するように描かれた道路システムが示されるが、それは八角形要塞の内側に組み込まれたチェス盤模様の道路システムという、イタリアで最初の（1550年頃）マルキの構想を想わせる(57)。

シュペックレの都市秩序の主要な特徴をデューラーの都市計画と比較することは、ドイツの都市建築の理想がほぼ一世代（1527年-1560年代）の間に、幾つもの点で変わったことを知る上で、有意義である。シュペックレは理想都市の要素を次のように4点に要約する。「このような都市において全てのものがきちんと正しく秩序づけられ、建物と町全体が維持されるには、それに非常に必要な次の4つの主要事が重視され留意されなければならない。第一に：神と教会の統治、第二に：法律とその適用、第三に：立派な警察あるいは市民の秩序、第四に：弾薬、食料とその付随物の保存」。シュペックレのプラン（挿図31-32）では、1は教会、2は墓地を表す。「教会の上には司祭と教会の使用人が住むべきである。というのも説教、秘蹟の授与、幼児洗礼、往診の必要時と臨終の苦しみの際に、人々が彼らを見つけることができるように、彼らは教会におらねばならい」。3は君主の館、支配者のための宿舎 および市長の居住地である。4は市庁舎である。市庁舎は全ての粗っぽい手仕事から離れたところになければならない。「というのも、市庁舎は叩く、打つ、走るといったあらゆる騒音から遠く離れたところにあるべきだからである」。これは精神労働者の静謐さへの要求に関する最初の都市建築上の配慮である。「広場に沿った別

125

第三部　デューラー「築城論」解説

挿図31（要塞都市の全体プラン）

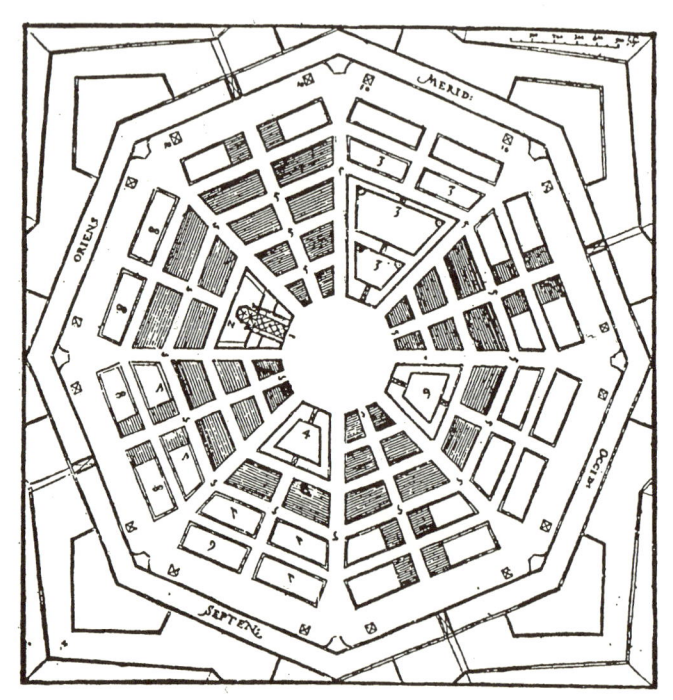

挿図32（都市のプラン）

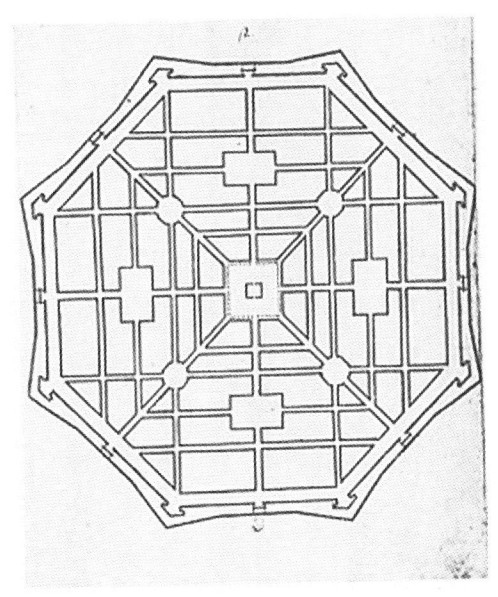

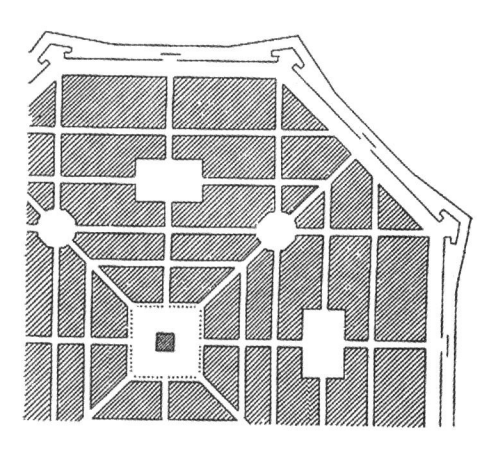

挿図34（左図の部分図）

挿図33

の家屋では参事会や貴族といった上層階級の人たちも住むことができる。だが君主の館と教会は別として、広場の下の周りには全てが教会、宮殿および市庁舎のためにあるという形でのみ、それに関連する仕事や職業をもつ人たちが住むべきである」[58]。

シュペックレは、デューラーの手職人通りとは反対に、主要な職業活動者を大きな公的建物の近くに集める。彼はそうすることでそれらの建物を都市生活の中心点に移動させる。5には都市の内寄りの方では市民の家屋、都市の外寄りの方では兵士たちの家屋がある。6は雑貨店と旅館の建物群を表す。数字7には、穀倉、穀物と果物を納める家屋が建てられるべきであり、そこにはあらゆる種類の食料品だけでなく、弾薬製造の原料も貯蔵されていなければならない。衛生上の要求にシュペックレの建築プランは配慮する。かつて将校であったシュペックレは騎兵用兵舎を北と東の都市地区に置いた。西風と南風が糞尿の臭いを運び去るからである。石造建築、煉瓦屋根、道路の照明および井戸が要求される。シュペックレは細部に至るまで、広場、手職人、商業および職業の秩序を包摂し、病人、孤児および乞食たちの施設を顧慮する共同体制としての都市造りを練り上げる[59]。

理想都市プランにおける放射状構想と直交構想の両方の基本形は、「美術家列伝」の著者として著名なジョルジョ・ヴァザーリの甥ヴァザーリ（Giorgio Vasari il Giovane 1562-1625）が1598年に作成した都市プラン（ウフィツィ美術館所蔵、挿図33-34）において最終的に、両システムの長所を一つにする新しい形式にまで融合される。これらの優れた理論が現実に実行された例は僅かである。チェス盤模様に構想された都市ガッティナーラとマルタ島のラ・ヴァレッタの建設は16世紀になされた（後者は1599年）。厳格な放射状の形をもつ都市フィリップ・ヴィル（カール5世による命名、1555年に建設）とパルマ・ヌオーヴァ（フリウリ・ヴェネツィア・ジュリア州ウーディネ県、1593年）もそうである[60]。

第三節　近代ドイツにおける『築城論』の再評価

　デューラーの『築城論』に説かれている諸要素が軍事関係者の間で再び注目されるようになったのは、18世紀にヴォーバンとコルモンテーニュの支配するフランス派に対抗して、フリードリヒ大王（1712-86、在位1740-86）のもとに新しい要塞システムが成立するようになってからである。プロイセンの要塞の新たな建築と改築に際して、就中コーゼル、グロッガウ、ナイセ、グラーツおよびシュヴァイトニッツの新建築と改築に際して、フリードリヒ大王と彼の建築家ヴァルラーベ Gerhard Cornerius von Walrave（1692-1773）は、純粋な稜堡様式から離れて、大砲付き空壕掩蔽通路の備わった多角形要塞と分遣型稜堡をシステム的に適用した。

　デューラーの理念がプロイセンの要塞術と近縁性を示していることが注目された時代に、昔のドイツの要塞システムも19世紀初めに再生したことは留意されなければならない。それは、新プロイセン派と称された要塞技術者たちがドイツとオーストリア大公マクシミリアン・ヨーゼフのもとで素晴らしい建築を創り始めたときである。そしてデューラーがこの時期に高く評価されるようになったのは、その頃明確な形をとるようになったドイツの要塞建築の幾つかの特徴を、デューラーがすでに先取りしていたとみられたからである。

　ヴェツォルトはそれらの特徴として次の5点を挙げる。それは、1.要塞前面の基本形としての多角形と円形の使用（都市の要塞化、峡谷の要塞）、2.空壕掩蔽通路からの壕の敵兵への攻撃と掃射、3.広い空間をもつ住居用掩蔽設備、および砲撃に耐えられる貯蔵室と宿泊施設、4.換気装置の備わった、近距離からの攻撃を防御するための砲列、5.前面の一部あるいは分遣型稜堡としての、個々の要塞部分の独立性、の5点である。要塞建築に関するこれらの見解は、3世紀もの間近代の要塞技術に向けて、萌芽的に生き続けてきたと言える[61]。

　ドイツの解放戦争（1813-14）以後、一連の要塞が新プロイセンシステムに従って改造されたときも、デューラーは注目を集めた。ドイツの専門著述家はこれらの要塞教本の一種の先行者を彼に見い出し称えた。この立場から匿名の序文が、1823年に刊行されたデューラーのこの書の新版に記された（巻末刊行本リスト Nr. 6）。フォン・ツァストローは5年後に彼の著書『築城術便覧』（1828）の序文を、デューラーの要塞論の愛情に充ちた説明と評価のために献じた[62]。彼はそれについてもう一度『永続的築城術の歴史』（1839）で論じた[63]。

　更にドイツ統一の機運のなかで、1867年に男爵コルマール・フォン・デア・ゴルツは「ドイツの築城術の展開に及ぼしたデューラーの影響」に関する論文を発表した[64]。その一方でフランスの将校ラトーは、上記の諸論文を知らずに、ドイツからみれば国民的な尊大さで彩られた序文を、デューラーのこの書のフランス語訳の豪華版のために書いた[65]。バイエルンの砲兵隊将校フォン・イムホフは1871年に『近代築城術にとってのアルブレヒト・デューラーの意義』を公刊したが、彼はゴルツの論文もラトーの出版も知らなかった[66]。アリーンの論文（1872年）[67]とネーデルランドの築城法に及ぼしたデューラーの影響に関するヴァウェルマンの研究（1880年）[68]の後に、マックス・イエーンスは1880年に『軍事史』と1889年に『軍事学の歴史』にお

いて、築城術に関するデューラーの功績について、偏見のない慎重に判断された評価を示した[69]。ブロックハウスの著書『ドイツ諸都市の芸術とその意義』（1916年）は新しい視点からデューラーのこの書を論じた[70]。

終わりに

　前節にみたように、デューラーの『築城論』はドイツ統一の機運のなかで高く評価された。その代表者であるフォン・ツァストローとフォン・イムホフは、モンタランベールの円形要塞をデューラーの刺激に帰し、シュペックレ、モンタランベール、リンプラー等における、掩蔽設備を施された城壁の内側にある防御回廊の広範な使用、塹壕の設置、および都市側辺に沿った堡塁防備が有する価値の強調に、デューラーの精神を再認識した[71]。またフォン・デア・ゴルツもフォン・イムホフもそれぞれ、「デューラーは彼の同時代人の間において軍事建築の棟梁として全く認知されなかった……彼の活動の価値が知られるまでに3世紀が過ぎ去り、漸く我々の時代がその名声を告げるに至った。彼は彼の時代にはるかに先んじていた」[72]、および「全ての偉大な人間と同様に、デューラーも彼の時代にはるかに先んじていた」[73]という言い方で、デューラーの先見性を称えている。これらの意見は近代ドイツにおける積極的な評価の好例である。

　その一方で近代のフランスとイタリアの専門家の間では、その評価について否定的な意見が優勢である。フランスの将校ラトーは、モンタランベールがデューラーから借用したものは何もない、離れた塔からの砲撃という着想においても彼の脳裏に浮かんだのはデューラーのそれでなく、軍艦の砲列であったと述べる。デューラーは後世に何の影響も与えなかったとするラトーは、ドイツ的な理念は全てモンタランベールとカルノに由来すると主張する。「というのもフランスではそれらの独創性が認められないからだ」[74]。イタリアの建築家デ・プロミスも、彼が編纂刊行したフランチェスコ・ディ・ジョルジョ・マルティーニの『市民建築と軍事建築に関する理論書』のなかで、デューラーに対して新しいシステムの創始者としての地位を否定する。「壕における単独の砲台はデューラーに先んじてすでによく知られていたので、彼について立派な胸壁をほめること以外は恐らく何もないであろう。実際彼のシステムは並外れた法外な堅固さをもつが、それは側壁のない城塞の主塔と異ならない。」[75]。ラトーの見解もこれと完全に一致する。「人がこの提案を全て吟味すれば、アルブレヒト・デューラー独自のものとみられる理念はそこに一つも見いだされない」。デューラーの理念は「要塞に関する彼の時代のそれの反映にすぎない」[76]。

　上記の肯定と否定の両意見に対して、ヴェツォルトはその中間の立場とも言える見解を述べる。即ち、ラトーと彼のドイツ側の論敵は理念の意識的な借用やアイデアの盗用だけに注目しているので、それが彼らに要塞建築の理論家としてのデューラーの歴史的位置づけを見えなくしていることを、ヴェツォルトは指摘する。その上でヴェツォルトはデューラーの著作の意義を次のように要約する。『築城論』は古い要塞法と新しいそれとの間、ゴシックとルネサンスの間の移行期

第三部　デューラー「築城論」解説

の、極めて特筆すべき記念碑である。デューラーの『築城論』の意義は、デューラーが築城術において完全に新しいことを創案したことにあるのでなく、その強い総合力によりすでに存在していた諸要素を融合して、一つの新しいもの、完全に独自のものを創ったことにある。デューラーの著作は、当時の砲兵隊戦術から生じた防御システムを、展開させることを試みた、最初の印刷された築城論である。ドイツ人として初めて時宜に適った要塞理論について体系的に考え抜き、ドイツ語による著作を公刊したという名声はいつまでもデューラーにのこり続ける。その一方で彼の理想都市計画も完全に彼独自の性格を帯びているというわけではない。デューラーは画期的な意見を示すとともに、彼の時代の共有財であり部分的にその系譜を古代にまで遡らせることのできる見解を述べたのである。デューラーの『築城論』を特徴づけるものは、彼の芸術作品の様式と同様に、ドイツ的伝統と向かい合い、それをイタリア的理念と融合させようとするその究極的なまでの試みにある[77]。このようにヴェツォルトはデューラーの『築城論』を歴史的に意義づける。一世紀ほど前に述べられたこの意義づけは、その適正さにおいて今日もなお活きていると言えよう。

注

（1）「序言」の注1を参照。
（2）Wilhelm Waetzoldt : *Dürers Befestigungslehre*, Berlin 1916. この書には『築城論』に関するそれまでの軍事学からの研究と評価が概説される。
（3）R. Schoch / M. Mende / A. Scherbaum : *Albrecht Dürer. Das druckgraphische Werk*, 3 Bde. München 2001–04. III, S. 282f..（以下 Schoch 2004,III, S. 282f..のように記す）
Alvin E. Jaeggli : *Albrecht Dürer, Unterricht über die Befestigung der Städte, Schlösser und Flecken*", Verlag Bibliophile Drucke von Josef Stocker in Dietikon-Zürich 1971. S. 109.
Hans Rupprich : *Dürers schriftlicher Nachlaß*. 3 Bände. Berlin 1956/69 : Bd.3, S. 372.（以下 Rupprich と巻数と頁のみ挙げる）
（4）フェルディナントとデューラーの関係は詳細には知られていない。フェルディナントがニュルンベルクを訪れたのは1521年と1524年であるので、これらの訪問時にデューラーがフェルディナントに紹介されたことは十分にあり得る。Schoch, 2004,III, S. 283.
（5）『ウィトルーウィウス建築書』、森田慶一訳註、東海大学出版会、昭和44年（1969）。本書におけるウィトルーウィウスの引用は森田慶一訳による。
（6）Rupprich, Bd.3, S. 371.
（7）Rupprich, Bd.2, S. 83–394. 邦訳：『アルブレヒト・デューラー「絵画論」注解』、下村耕史訳編、中央公論美術出版、平成13年（2001）。
（8）« alten köstlichen Meisters Vitruv». Schoch, 2004,III, S. 284. Rupprich, Bd.1, S. 218–220. Abb. 44–49.
（9）Rupprich, Bd.3, S. 371. u. Bd.1, S. 174. 前川誠郎訳・注、『アルブレヒト・デューラー　ネーデルラント旅日記　1520–1521』、朝日新聞社、1996年、121頁、同氏訳、『デューラー　ネーデルラント旅日記』、岩波書店、2007年、168頁。素描「ホーエンアスペルクの攻囲」にみられる大砲の種類等に関しては、Alvin E. Jaeggli, op. cit., S. 133–138. を参照。
（10）Rupprich, Bd. 2, S. 163.『アルブレヒト・デューラー「絵画論」注解』、128頁。

第五章 『築城論』の後世への影響

(11) これに関連する前後の文は本書の「序言」に引用される。Rupprich, Bd. 1, S. 103. Nr. 45. 前川誠郎訳・注、『デューラーの手紙』、中央公論美術出版、平成11年、149頁、同氏訳、『デューラー 自伝と書簡』、岩波書店、2009年、213頁；他の箇所では、Rupprich, Bd.1, S. 103 f., Nr. 47,『デューラーの手紙』、152頁以下。『デューラー 自伝と書簡』、218頁。Schoch, 2004, III, S. 284. u. S. 317, Anm.13.

(12) 「これらの円柱」とは、アーヘンのカロリング朝期の大聖堂の円柱を指す。Rupprich, Bd.1, S. 159. 前川誠郎訳・注、『アルブレヒト・デューラー ネーデルラント旅日記 1520-1521』、朝日新聞社、1996年、66頁、同氏訳、『デューラー ネーデルラント旅日記』、岩波書店、2007年、96頁。Schoch, 2004, III, S. 284. u. Anm.14. なおデューラーが使用したウィトルーウィウスの建築書が初期諸版のいずれに当たるのかについては、未だに明らかにされていない。Ibidem.

(13) Waetzoldt, op.cit., S. 44. ウィトルーウィウスの建築書で、都市の防備施設と都市攻囲用の兵器と器械について論じられるのは、第十書である。

(14) Waetzoldt, op.cit., S. 44 u. 52f..

(15) Rupprich, Bd. 3, S. 372 f.

(16) Rupprich, Bd. 3, S. 373.

(17) Rupprich, ibidem. Waetzoldt, op.cit., S. 46. アルベルティ建築書の邦訳、『レオン・バティスタ・アルベルティ 建築論』、相川浩訳、中央公論美術出版、昭和57年（1982）。ヴェツォルトはデューラーとアルベルティの一致点を、住宅上の配慮と社会的視点から生じる建造上の指示、つまり一定の道路における同業の手職人の場所指定の原則を主張する点にのみ認める。中世の同業組合の最古の制度の一つは、様々な職業従事者に定住所として一定の都市区画を割り当てることであった。今日もなお実際古い都市の道路名は同業組合がどこにあったかを語る（例えばマグデブルクの屠殺業者・肉屋沿岸通り、リューネブルクの漁師橋、露天肉屋、騎馬従者通り等々）。デューラーの理想都市における手職人通りは単なる商店街でなく、市場と仕事場と住宅を兼ねた特別の区域である。デューラーは塁壁沿いに車大工の住居配置を指定するが、このように手職人の配置に際して場所と土地を顧慮することは、古い中世の慣習にも対応する。Waetzoldt, op.cit., S. 57.

(18) Waetzoldt, op.cit., S. 53 f..

(19) Quellenschriften für Kunstgeschichte und Kunsttechnik des Mittelalters und der Neuzeit. Neue Folge. III. Band. *Antonio Averlino Filatrte Tractat über die Baukunst und andere Schriften*. Herausgegeben und bearbeitet von Wolfgang von Oettingen, Wien 1890. (Reprint 1974, Georg Olms Verlag)；Waetzoldt, op.cit. S. 46-48.

(20) ヴェローナで1472年に印刷され、1483年にパオロ・ラムジオによりイタリア語に翻訳された。Rupprich, Bd. 3, S. 373.

(21) Rupprich, Bd. 3, S. 373. Quellenschriften für Kunstgeschichte und Kunsttechnik des Mittelalters und der Neuzeit. Neue Folge. II. Band. *Fra Luca Pacioli Divina Propotione*. Neu herausgegeben, übersetzt und erläutert von Constantin Winterberg Wien 1889. (Reprint 1974, Georg Olms Verlag).

(22) Waetzoldt, op.cit., S. 49f..

(23) L. Olschki：*Geschichte der neusprachlichen wissenschaftlichen Literatur I*, Heidelberg 1919, S. 123.『マルティーニ 建築論』日高健一郎訳、中央公論社、1991年。

(24) Rupprich, Bd. 3, S. 373. Waetzoldt, op.cit., S. 50f..

(25) Waetzoldt, op.cit., S. 56f..

第三部　デューラー「築城論」解説

(26) Waetzoldt, op.cit., S. 51f.『ニッコロ・マキアヴェリ戦術論』、浜田幸策訳、原書房、2010年、273頁以下参照。

(27) Rupprich, Bd. 3, S. 373.

(28) Waetzoldt, op.cit., S. 48.

(29) デューラーの素描 W．683 と W．684 はこの種の古いドイツの軍事に関する文献に由来する。Rupprich, Bd. 3, S. 374. Waetzoldt, op.cit., S. 21.

(30) Waetzoldt, op.cit., S. 41f..

(31) Waetzoldt, op.cit., S. 43.

(32) Rupprich, Bd. 1, S. 94 f.Nr. 40. 前川誠郎訳・注、『デューラーの手紙』、中央公論美術出版、134頁以下。同氏訳、『デューラー　自伝と書簡』、岩波書店、189-191頁。

(33) Rupprich, Bd. 1, S. 269, Nr. 72, S. 273-275, Nr. 93, S. 283-288, Nr. 147.

(34) Rupprich, Bd. 3, S. 375 f.; Schoch, op. cit., S. 284. ヨーハン・フォン・シュヴァルツェンベルクを描いたデューラーの絵画作品もしくは素描は失われた。これについては Schoch, 2004, III, S. 318, Anm.23.を参照。

　　　　フューラーは1479年にニュルンベルクの市参事会員の息子として生まれ、イムホフ家の女性と結婚し、ヴェネツィアで商人になった。ヴェツォルトは軍事経験者としてのフューラーについて興味深く記述しているので、その箇所を引用する。

　　　　「フューラーはドイツとイタリアで幾人かの君主の旗のもとに戦った。彼は豊かな人生経験と健全な人間悟性から、政治的、宗教的、軍事的および経済的問題に関して「助言と論述」を著し、それを帝国議会に提示した。1536年フューラーは『要塞に関する助言、城砦と要塞の建造法、包囲から防御する方法、鉄砲および大砲製造師の職について』を著した。フューラーが十中八九デューラーのことを個人的に知っており、ともかくも彼と同じ都市に生活していたことを人が考えるならば、フューラーが『助言』に9年前に刊行されたデューラーの本に関する知識がなにもみられないことは、甚だ奇妙に思われる。フューラーは、軍人たちと棟梁たちは「かなり腕がよく狙いを定めることのできる人たち」の言うことに耳を傾けていたと主張する。これらの人たちは細々した事柄では確かに専門的知識をもつが、大きな企画では小心翼々として意見が一致しない。「人の最終的な決断では、それが建造されたとき、時には有益というより有害になったというように、建造してもそれが無駄にならないように、要塞の建造がなされなければならない。」。更に彼は古くからある外国かぶれへの非難を加える。「ドイツの棟梁たちは、彼らがミラノ、フェラーラ、あるいはヴェローナで見たものについて語り、要塞の場所の状況と自己の嗜好および能力よりも、イタリアで見たものの方を指針とする」。このようにして常に起きることは、「建築主と助言者が洞察力をもたないとき、人は通常軍人たちの言うことに従う。だが彼らは建築をどのような仕方で始めてよいかも分からないし、ましてや完成の仕方も知らない・・・それ故ドイツには守るに堅い多くの場所があるにも拘わらず、また彼らが使った費用にも拘わらず、ドイツには優れて堅固な建造物が極めて稀である」。現在も最も専門的な知識を有する者は銃器および大砲製造師である。「なぜなら都市や城館の攻略法を知らない人は、都市や城館が要塞によって維持される仕方も知らないからである」。次に、このように批判的な前書きの後には幾分貧弱に感じられるフューラー独自の提案がなされる。そこでは二つの事柄が重要である。即ち、第一によい砲撃場所、つまりそこから敵軍の「陣地と秩序ある陣営」が砲撃される大きな砲台。これらの砲撃場所は前線への砲撃効果に関係する。この砲撃で「壕への敵の侵入が食い止められなければならない」。第二に二重に城壁を繞らすことが重要である。即ち、「一つの城壁では城壁がないのも同じである」、つまり「最初の城壁

第五章 『築城論』の後世への影響

を攻略した後、城壁を全て突破したと誤認した敵の兵士たちは、本当の城壁を眼の前にして」初めて退却する。前方の防御は壕、砲台および塁壁からなる。フューラーは彼の要塞システムについてこれ以上詳しく述べない。その代わりに小追想録に、フューラーの本音が吐露され、今日も価値を有する幾つかの立派な戦争心理学的考察がそれに含まれる。例えば次のように述べられる。「塁壁を攻略した人は、その背後の自軍に、砲撃も破壊もできない障碍物をもつ。それは兵士でなく、未経験で未熟な隊長である。彼は隊長職に相応しい能力よりも彼の言葉、名望あるいは氏素性によってこのような地位を得たからである―彼は彼の兵士たちを無思慮に殺し、彼の君主を嘲り、辱め、損なうだけである・・・兵士を扱うにはこのようであってはならない。それは、隊長が兵士を大切にして、兵士を盲目的に突撃させないようにすることである。このようにして兵士たちは明るさを保ち意欲をもち続ける。そうすれば兵士たちの司令官は部下の兵士たちから称賛され愛される」。Waetzoldt, op.cit., S. 64.

(35) Waetzoldt, op.cit., S. 58. Heinrich Brockhaus : *Deutsche Städtische Kunst und ihr Sinn*. Leipzig 1916. S.206. イェッグリはデューラーと「フッゲライ」との関連を否定する。Jaeggli, op. cit., S. 119.

(36) Jaeggli, op. cit., S. 108 u. 113. ヴェツォルトは、稜堡建築の三つの提案、円形要塞、城館のある首都の要塞化、古い都市要塞の強化、の四章に分ける。Waetzoldt, op.cit., S. 22.

(37) Waetzoldt, op. cit., S. 19-21. なおテキストに記されるシューはニュルンベルク・シューのことで、1シューは約30cmである。イェッグリは、稜堡 Basteien を表示するのにデューラーが用いた«Pastey»がフランス語に由来することを指摘する。彼によれば«Pastey»に相応する古いフランス語は、«bastie»あるいは«bastille, bastide»であり、これらは全て«bastir» (bâtir) という動詞に由来する。この動詞は更にフランケンの動詞«bastjan»に遡る。ドイツ語の「Bast」（植物の内皮や靱皮を意味する）が示すように、«bastjan»は元来稜堡を造る材料を意味するが、十字軍の時代すでに«bastir»は「避難小屋を柴垣で作ること」を意味した。Jaeggli, op. cit., S. 113.

(38) デューラー没後まもなくして、ニュルンベルク市にはデューラーの人柄についてある逸話が流布するようになり、それは3世紀もの間、同市に生き続けた。その逸話とは、デューラーが自ら「飢饉の期間に民衆に仕事と報酬を与えるため」、ノイトール、フラウエントール、ラウファートールおよびジュピッテラートールの四つの巨大な塔を壁で強化し改造させたというものである。1823年版の『築城論』（巻末刊行本リス Nr. 6）の序文で、この逸話に根拠のないことが示された。Waetzoldt, op. cit., S. 61.

(39) Waetzoldt, op. cit., S. 22-24. 稜堡間の距離は、隣接する稜堡からの稜堡壁への側方掃射が可能であることを考慮して決められたとイェッグリは述べる。「塔と塔の間隔は、弩弓による射撃が及ばないほど、離れてはならない。城壁が急襲され攻撃をうけても、その両側面から防御することができるからである。こうすれば射撃が敵に命中し退散させることができる」というウィトルーウィウス（1の5）の教示は、中世の都市要塞の建築においても遵守された。Jaeggli, op. cit., S. 113. また稜堡前壁の傾斜に、イェッグリはイタリアの影響を見る。Jaeggli, op. cit., S. 115-117.

(40) 理想的な要塞都市の平面図構想におけるデューラーの迷いは、『築城論』のための草稿とそのスケッチ（挿図20）からも明らかである。草稿には「円周の直径は1000シューである。その中に君主が居住する。円周には壕が回らされ、それに二つの門がつく。……この要塞は四角形にも造られる」、あるいは「この城郭は四角形に建築されなければならない。だが人がそうしたければ、それは円形にも造られる」、更に「最初にこの要塞は四角形にも円形にも造られる」等、円形と四角形の選択をめぐるためらいの言葉が散見される。これについては、Rupprich,

133

第三部　デューラー「築城論」解説

　　　　Bd. 3, S. 391-393. Nr. 5 の 1 と 2 と 3、下村耕史訳、「デューラー「築城論」草稿の試訳
　　　　（1）」、九州産業大学芸術学会研究報告第42巻、2011年、57-58頁、Jaeggli, op. cit., S. 117 を参
　　　　照のこと。

(41)　ヴェツォルトはデューラーの木版画「男性風呂」について、「外で水、中でワイン：我々皆楽
　　　　しくやろうぜ」("Außig Wasser, inne Wein : Laßt uns alle fröhlich sein") という15世紀の俚
　　　　諺を引用して、民衆の保養場所としての風呂の人気に言及する。Waetzoldt, op. cit., S. 34.

(42)　Waetzoldt, op. cit., S. 31-36. ヴェツォルトはこのような理想都市の構想に、快適でバイエルン
　　　　的なそして特にニュルンベルク的な要素を認める。更にヴェツォルトは、デューラーがフィラ
　　　　レーテとフランチェスコ・ディ・ジョルジョ・マルティーニによる理想都市の放射状図式を継
　　　　承せずに、実際の都市の基本形、直交する道路と長方形広場のある古代と中世の都市を手本し
　　　　たことを強調する。彼の王家邸館は、シュレージエン地方の都市（例えばブレスラウ、現在の
　　　　クラカウ）の環状道路上にある市庁舎のように、首都の中央にある。Waetzoldt, op. cit., S. 56f.
　　　　　なおセバスティアーノ・セルリオ Sbastiano Serlio（1475-1554）の著書『建築七書』"Sette
　　　　libri sull'architettura"へのデューラーの理想都市構想の影響と、1524年にニュルンベルクで出
　　　　版されたヘルナンド・コルテスのカルロス5世宛の書簡に付けられたアステカ王国の首都ティ
　　　　ノチティトランを描いた木版画（補図1）の、デューラーの理想都市構想への影響については、
　　　　M. Nan Rosenfeld, Sebastiano Serlio' Drawings in the Nationalbibliothek in Vienna for his
　　　　Seventh Book on Architecture. In : *The Art Bulletin*, 56, 1974(3), pp. 400-409 ; Schoch, 2004,
　　　　III, S. 308f. およびハンノ＝ヴァルター・クルフト著、笠覚暁訳、『建築論全史 ―古代から現
　　　　代までの建築論事典― I』、中央公論美術出版、平成21（2009）年、162-163頁を参照。更に
　　　　デューラーの理想都市構想に示される正方形プランへの、デューラーの名付け親で出版業者アン
　　　　トン・コーベルガーの許で1481年に出版されたリールのニコラウス Nicolaus de Lyra『聖書
　　　　註解』"Postilla super biblio"の木版挿絵「ソロモンの神殿」（補図2）の構図上の影響について
　　　　は、Schoch, ebenda および Matthias Mende, *Albrecht Dürer, ein Künstler in seiner Stadt*,
　　　　Nürnberg 2000(Katalog), S. 142を参照。

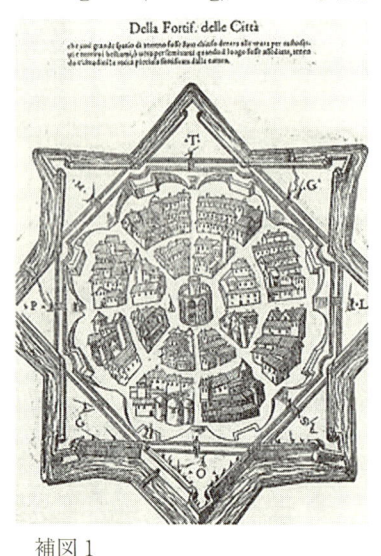

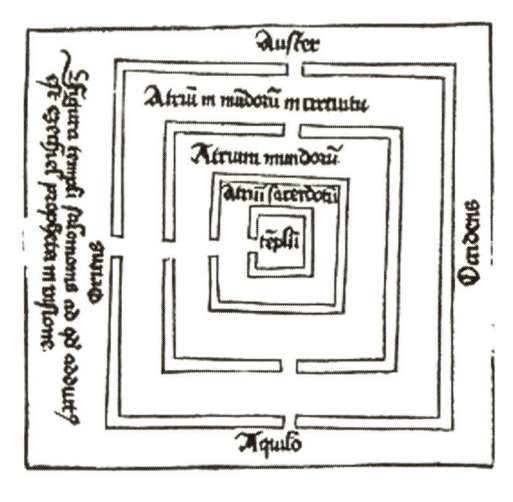

　　　　　　補図1　　　　　　　　　　　　　　　補図2

(43)　イェッグリはデューラーの風景素描（W. 942、挿図24）に、カタロニアに向かう海岸道路を遮断
　　　　する、断崖絶壁とレウカーテの潟の間の隘路に築かれたサルサス要塞に関する情報の反映を認

　　　　　め、この要塞がデューラーの想い描く"Clause"の手本になったと考える。Jaeggli, op. cit., S. 121.

(44)　Waetzoldt, op. cit., S. 28-31 ; Rupprich, Bd. 3, S. 380-381 ; Jaeggli, op. cit., S. 121-123.

(45)　Waetzoldt, op. cit., S. 26f.

(46)　Waetzoldt, op. cit., S. 26f.; Jaeggli, op. cit., S. 123f.; Rupprich, Bd. 3, S. 381.

(47)　この攻囲を表す2枚続きの木版画（B. 137, 図22）は、元来『築城論』の挿絵として構想されたものではない。というのも『築城論』の初版でこの木版画と組み合わせられている刊本は、一例しか確認されていないからである。その刊本は現在メルボルン国立ヴィクトリア美術館に所蔵される。『築城論』と木版画の関連については、H. Bohatta : *Versuch einer Bibliographie der kunsttheoretischen Werke Albrecht Dürers.* Wien 1928, S. 14-18 ; Jaeggli, op. cit., S. 141 ; Schoch, 2002, II, S. 489 u. 2004, III, S. 318および展覧会図録『DÜRER　アルブレヒト・デューラー版画・素描展』（2010年10月26日―2011年1月16日、国立西洋美術館）246頁の解説を参照。

(48)　Schoch, 2002, II, S. 489.

(49)　Rupprich, Bd. 3, S. 420. 下村耕史訳、「デューラー「築城論」草稿の試訳（2）」、九州産業大学芸術学会研究報告第43巻、2012年、48頁以下。この文は『築城論』には採用されなかった。Waetzoldt, op. cit., S. 27f.; Jaeggli, op. cit., S. 124.

(50)　Jaeggli, op. cit., S. 133-138.
　　　　　ヴェツォルトは、デューラーの提案による稜堡建築の長所として、シェルマーの長い塁壁および中央の高台からの稜堡前方への砲撃と、壕掃射のための近距離砲撃との結合、全方向と都市側に向けられた砲台による内側の防備を挙げ、デューラーの稜堡を独立した前衛堡塁と呼び、砲台の通風装置と煙突も高く評価する。その一方でヴェツォルトは短所として、最初と第三の方法の過度な壁積み工事、主要壕の底面にまで下がる稜堡内部の不必要、2シューから3シューの厚さという石製胸壁の脆弱さを挙げ、ゴルツの文を引用して、攻勢に転じられない稜堡築造の欠陥をつく。「というのも都市壕の外側には攻勢に転じることを可能にするあらゆる要塞建築物が欠けているからである」。（注64のFrhr. C. v. der Goltzの論文）。Waetzoldt, op. cit., S. 25f..これに加えてイェッグリは、デューラーが稜堡構想に挟間を組み込む一方で、挟間のない胸壁も良いと述べることに言及し、低い胸壁越しの砲撃に反対するダニエル・シュペックレと、胸壁越しの砲撃を兵と材料の非難すべき浪費とみなす砲兵ミヒャエル・ミートの双方の意見を紹介する。Jaeggli, op. cit., S. 125 u. 132.

(51)　Waetzoldt, op. cit., S. 61f.. デューラーの構想に従ってシュトラスブルクのクローネンブルク要塞とローゼネック要塞が築かれ、それが1576年にダニエル・シュペクレによって改造されたというしばしば繰り返された主張をヴェツォルトは認めない。ローゼネック要塞はすでに1508年には築かれており、クローネンブルク門はすでに1508-11年に円形防壁で守られていたので、両方の稜堡はデューラー以前の砲列堡塁のグループに属する。デュッセルドルフの要塞建築家マイスター・ヨーハンによるチューリヒ城砦の掩蔽設備が、空壕の防御価値を強調したデューラーの影響を示すか否かについても、ヴェツォルトは確認できないとする。Waetzoldt, op. cit., S. 62. なおゾルムス伯爵ラインハルトは要塞技術の便覧書『要塞建設と維持管理に関する概要』の著者としても知られる。この書は傭兵砲兵隊最高指揮者オットと架空の若い建築技術者ハンス・ヴィリヒとの対話形式で著され、1556年に刊行された。その内容は、建造材料のための輸送状況、労働賃金、費用の見積もり、労働の階層分け、簿記の記帳、掘削されるべき壕用土地の精確な算出等の実践面に関わるものである。レオンハルト・フレンスペルガーによる1557年刊行の著書『守備隊と要塞の食料供給』は、この書の影響のもとに書かれた一種の駐留部隊の教科書である。Waetzoldt, op. cit., S. 66f..

第三部　デューラー「築城論」解説

(52)　Waetzoldt, op. cit., S. 62f.
(53)　Daniel Speckle, *Architectura. Von Festungen*. Straßburg 1589.
(54)　Waetzoldt, op. cit., S. 68.
(55)　Waetzoldt, op. cit., S. 69. 本文のマックス・イエーンスは、Max Jähns, Geschichte der Kriegswissenschaften (*Geschichte der Wissenschaften in Deutschland*, Bd. XXI), München und Leipzig 1889 を指す。
(56)　Francesco de Marchi, *Della Architettura Militare*. Brescia 1599.
(57)　Waetzoldt, op. cit., S. 70.
(58)　Ibidem.
(59)　Waetzoldt, op. cit., S. 71. シュペックレは堅い建築材料の短所を顧慮し、敵の直接的な砲撃から免れている場所にのみ壁の組積工事を認め、デューラーによって否認された土による建築に再び傾いた。彼において壁の組積工事は主として、壕縁の高さまでの稜堡の被覆と、覆い隠されたトンネル型天井の建築に限られた。「全ての胸壁、騎兵も猫も、外から見られるあらゆるものは、木材が中に入れられた土でできていなければならない・・・土による建築は、単に費用がかからないだけでなく、はるかに良く、繰り返し建てられる。砲撃されてもあまり損害をうけない」と彼は記す。Jaeggli, op. cit., S. 125..
(60)　Waetzoldt, op. cit., S. 71.
(61)　Waetzoldt, op. cit., S. 73f.
(62)　A. v. Zastrow, *Handbuch der vorzüglichsten Systeme und Manieren der Befestigungskunst*. Berlin 1828. S. 3-16.
(63)　A. v. Zastrow, *Geschichte der beständigen Befestigungskunst*. Berlin 1839.
　　　Waetzoldt, op. cit., S. 10.
(64)　Frhr. C. v. der Goltz, Dürers Einfluß auf die Entwicklung der Befestigungskunst. In Hermann Grimms: "*Über Künstler und Kunstwerk*", II. Jahrg. 1867. S. 189-203.
(65)　A. Ratheau, *Instruction sur la fortification des villes, bourgs et châteaux par Albert Dürer, traduit … et précédé d'une introduction … par A. Ratheau*. Paris 1870.
(66)　G. v. Imhof, *A. Dürer in seiner Bedeutung für die moderne Befestigungskunst*. Nördlingen 1871.
(67)　M. Allihn, *Dürers Befestigungskunst*. Grenzboten. 1872. S. 143ff.
(68)　H. Wauwermanns, A. Dürer, son œuvre militaire, son influence sur la fortification flamande. *Revue militaire belge*. Paris 1880. S. 1-87.
(69)　Max Jähns, *Handbuch einer Geschichte des Kriegswesens*. Leipzig 1880. S. 1183-1187；Max Jähns, *Geschichte der Kriegswissenschaften* (*Geschichte der Wissenschaften in Deutschland*, Bd. XXI). München und Leipzig 1889. Bd. I, S. 783-791.
(70)　Heinrich Brockhaus, *Deutsche Städtische Kunst und ihr Sinn*. Leipzig 1916. S. 203 bis 207. Waetzoldt, op. cit., S. 10f.
(71)　v. Zastrow, *Handbuch*, S. 16；v. Imhof, a. a. O., S. 39ff. 因みにモンタランベール（Marc René, marquis de Montalembert, 1714-1800）は、フランスの侯爵、軍事技術家、要塞論の著作で有名。リンプラー（Georg Rimpler, 1636-1683）は17世紀の要塞建築家、第二次トルコ人によるヴィーン包囲（1683年）の際の要塞強化で有名になる。
(72)　v. d. Goltz, op. cit., S. 189-203.
(73)　v. Imhof, op. cit., Vorrede；Waetzoldt, op. cit., S. 72 u. 40.
(74)　A. Ratheau, op. cit.,Einleitung. Waetzoldt, op. cit., S. 72f.. カルノは Lazare Nicolas Marguerite

136

Carnot（1753-1823）を指す。
（75）　*Francesco di Giorgio Martini, Trattato di architettura civile e militare*. Hrsg.：Cesare Saluzzo und de Promis. Turin 1841. Bd. II, S. 313.
（76）　Waetzoldt, op. cit., S. 39f..
（77）　Waetzoldt, op. cit., S. 39f.. u. 45 u. 73.

主要参考文献

　デューラーに関する詳細な文献紹介については、「序言」注１の邦訳書に記載されているので、ここでは『築城論』に関連する文献のみ記される。

＊Albrecht Dürer, *Befestigungslehre, Faksimile-Neudruck der Originalausgabe, Nürnberg 1527*, Verlag Dr. Alfons UHL, Nördlingen 1980、

＊Albrecht Dürer, *Unterricht über die Befestigung der Städte, Schlösser und Flecken*, Verlag Bibliophile Drucke von Josef Stocker in Dietikon-Zürich 1971

＊ALBERTI DVRERI PICTORIS ET ARCHITECTI PRAESTANTISSIMI DE VRBIBVS, ARCIBVS, PARISIIS, Christiani Wecheli, M. D. XXXV.

＊Alvin E. Jaeggli：Albrecht Dürer, *Unterricht über die Befestigung der Städte, Schlösser und Flecken*, Verlag Bibliophile Drucke von Josef Stocker in Dietikon-Zürich 1971.

＊Hans Rupprich：*Dürers schriftlicher Nachlaß*. 3 Bände. Berlin 1956/69.

＊R. Schoch / M. Mende / A. Scherbaum：*Albrecht Dürer. Das druckgraphische Werk*, 3 Bde. München 2001-04. III, S. 282f.

＊Wilhelm Waetzoldt：*Dürers Befestigungslehre*, Berlin 1916.

　（上記以外の文献は注に記される）

挿図・補図リスト

挿図

１：デューラー、「トレント風景」（トレントの要塞）、W.95、素描、水彩、グワッシュ、23.8×35.6cm、ブレーメン美術館

２：デューラー、「アルコ風景」（ヴェネツィア峡谷の阻塞城郭）、W.94、素描、水彩、グワッシュ、22.1×22.1cm、パリ、ルーヴル美術館

３：デューラー、「イタリアの城塞」、W.101、素描、水彩、グワッシュ、19.1×13.9cm、ブラウンシュヴァイク、ブラジウス・コレクション

４：デューラー、「城塞とともにニュルンベルクを西側から描いた水彩画」、W.116、素描、水彩、グワッシュ、16.3×34.4cm、ブレーメン美術館

５：デューラー、「二つの城塞」、「ネーデルラント旅行スケッチ帖」から、W.762、素描、銀筆、11.0×17.8cm、ブラウンシュヴァイク、ブラジウス・コレクション

６：デューラー、神聖ローマ皇帝マクシミリアンⅠ世の「凱旋門」、B.138、木版画、部分図。全体の大きさ341.0×294.1cm

７：デューラー「大きな大砲」、B.99、鉄版エッチング、21.7×32.2cm

８：デューラー、「ホーエンアスペルクの攻囲」、W.626、素描、ペン、31.2×43.6cm、ベルリン、版画素描館

９：デューラー、「臼砲」、W.783、素描、銀筆、12.7×19.3cm、ブレーメン美術館

10：フィラレーテ、『建築論』、「理想都市スフォルツィンダのプラン」

第三部　デューラー「築城論」解説

11：フィラレーテ、『建築論』、「理想都市スフォルツィンダの円塔平面図」
12：レオナルド・ダ・ヴィンチ、「稜堡と半月堡のある要塞」、素描、アトランティコ手稿、ミラノ、アンブロジアーナ図書館
13：フランチェスコ・ディ・ジョルジョ・マルティーニ、『市民建築と軍事建築に関する理論書』、要塞構想 a
14：フランチェスコ・ディ・ジョルジョ・マルティーニ、『市民建築と軍事建築に関する理論書』、要塞構想 b
15：フランチェスコ・ディ・ジョルジョ・マルティーニ、『市民建築と軍事建築に関する理論書』、要塞都市の理想プラン
16：ヴェローナ、ボッカーレの稜堡、立面・平面・断面図
17：「サルサス要塞の東前面」、鳥瞰図
18：『築城論』の最初の方法による稜堡の断面図（イェッグリによる）
19：『築城論』の第二の方法による稜堡の断面図（イェッグリによる）
20：デューラーによる要塞化された円形の首都構想、大英博物館、London 5229, fol. 36b.
21：デューラー、「女性風呂」、W.152、素描、ペン、ブレーメン美術館
22：デューラー、「男性風呂」、B.128、木版画
23：アルブレヒト・デューラーに基づく要塞化された首都図（カール・グルーバーによる）。『図説ドイツの都市造形史』、カール・グルーバー著、宮本正行訳、西村書店　1999年、143頁、図123参照。
24：デューラー、「断崖と海の間の要塞」、W.942、素描、ペン、ミラノ、アンブロジアーナ図書館
25：アルブレヒト・デューラーに基づく狭隘地の円形要塞（カール・グルーバーによる）。上掲書『図説ドイツの都市造形史』、144頁、図124参照。
26：インゴルシュタットの要塞、煉瓦製稜堡
27：インゴルシュタットの要塞、ハイリゲン・クロイツ近郊の円筒形堡塁
28：シャフハウゼンの所謂「ウンノート」の外観図
29：シャフハウゼンの所謂「ウンノート」の平面図
30：フランチェスコ・デ・マルキ、『軍事建築論』（1590年）、要塞化都市の建設プラン
31：ダニエレ・シュペックレ、理想要塞都市の全体プラン
32：ダニエレ・シュペックレ、理想要塞都市の都市プラン
33：ヴァザーリ・イル・ジョーヴァネ、理想都市のプラン、フィレンツェ、ウフィツィ美術館
34：ヴァザーリ・イル・ジョーヴァネ、理想都市のプラン、部分図、フィレンツェ、ウフィツィ美術館
35：エアハルト・シェーン、デューラーの56歳の肖像、木版画、1528年、29.8×25.9cm

補図
１：ヘルナンド・コルテス、『書簡』（1524年）、アステカ国の首都ティノチティトラン平面図
２：リールのニコラウス、『聖書註解』（1481年）、木版挿絵、「ソロモンの神殿」

挿図・補図出典一覧
＊Cambell Dodgson, *Albrecht Dürer Engravings and Etchings*, New York 1967（1926年初版本のレプリント版）：挿図 7
＊Dürer & others, *Maximilian's Triumphal Arch, Woddcuts by Albrecht Dürer & others*, New

York 1972：挿図6
* Monika Heffels, *Meister um Dürer, Nürnberger Holzschnitte aus der Zeit um 1500-1540*, Ramerding 1981：挿図35
* Alvin E. Jaeggli, Albrecht Dürer, *Unterricht über die Befestigung der Städte, Schlösser und Flecken*, Verlag Bibliophile Drucke von Josef Stocker in Dietikon-Zürich 1971：挿図18, 19
* Kersten Krüger, *Formung der frühen Moderne Ausgewählte Aufsätze*, Münster 2005：挿図30
* Dr. Willi Kurth, *The Complete Woodcuts of Albrecht Dürer*, New York 1963：挿図22
* Matthias Mende, *Albrecht Dürer, ein Künstler in seiner Stadt*, Nürnberg 2000（Katalog）：補図2
* Hans Rupprich ,*Dürers schriftlicher Nachlaß*. Bd.3, Berlin 1969：挿図20
* Wilhelm Waetzoldt ：*Dürers Befestigungslehre*, Berlin 1916：挿図10-17, 26-29, 31, 32, 34
* Friedrich Winkler, *Die Zeichnungen Albrecht Dürers*. Vol. 1-4. Berlin 1936-1939：挿図1-5, 8, 9, 21, 24
* カール・グルーバー著、宮本正行訳、『図説ドイツの都市造形史』、西村書店　1999年：挿図23, 25
* ハンノ＝ヴァルター・クルフト著、笠覚暁訳、『建築論全史―古代から現代までの建築論事典―Ⅰ』、中央公論美術出版、平成21（2009）年：挿図30, 32, 34、補図1

デューラー『築城論』刊行本リスト

　Alvin E. Jaeggli ：*Albrecht Dürer, Unterricht über die Befestigung der Städte, Schlösser und Flecken* ", Verlag Bibliophile Drucke von Josef Stocker in Dietikon-Zürich 1971. S. 139-144に掲載されたデューラー『築城論』の刊行本リストを、邦訳を交えながら以下に転記する。なお文中のBohattaは、H. Bohatta ：*Versuch einer Bibliographie der kunsttheoretischen Werke Albrecht Dürers*. Wien 1928を指す。

ドイツ語版
　巻末に«Nürnberg, Oktober 1527》という刊記のある印刷本のうち、次の4種類の刊本が知られている。それを年代順に挙げると、次のようになる。
Ⅰ．Probeexemplar mit 20zeiligem Druckfehlerzeichnis（Nr. a）
Ⅱ．Exemplare mit 21zeiligem Druckfehlerverzeichnis（Nr.1）
Ⅲ．Exemplare mit 29zeiligem Druckfehrerverzeichnis（Nr.2）
Ⅳ．Exemplar ohne Druckfehrerverzeichnis. Neusatz（Nr.3）
　それぞれの種類の刊本の詳細については、以下のようである。
　4種類の刊行本の年記が全て正しいとは限らない。文章の比較から、Ⅰ-Ⅲの刊本の間では、誤植のある紙葉まで一致しており、同時に印刷刊行されたことは間違いない。従ってこれらの刊行本については、記載されている刊行年は事実とみなされる。
　刊本ⅣはⅠ-Ⅲの刊本と異なる。この刊本は新たに版が組まれ、誤植が殆どみられない。紙の透かしもⅠ-Ⅲの刊本と異なる。この刊本はそれ故新版と言えるが、刊行日はもとのままである。この復刻版の実際の発刊日について、詳細は知られていない。ボハッタBohattaは「それに続く間もない時期」という慎重な言い方をする。しかし状況からみて、デューラー没後間もない時期の印刷と考えることができよう。
　新版は初版本と同じタイプの材料で印刷された。それはまた1527年の『測定法教則』とも1528年の『人体均衡論四書』とも同じである。我々は後者の刊記から、デューラーの寡婦の依頼でヒエロニュムス・アンドレアエHieronymus Andreae通称フォルムシュナイダーFormschneiderによって印刷

139

第三部　デューラー「築城論」解説

が完了されたことを知る。フォルムシュナイダーはそれ故先行する著作の印刷者でもあったという推測が当然なされる。我々は『測定法教則』の解説 Kommentar において、フォルムシュナイダーが3つの理論書の実際の印刷者であることを証明しようと試みた。デューラーは自宅に印刷工房を構え、フォルムシュナイダーはこの印刷所で印刷者として活躍した。デューラーに対する雇用関係から、フォルムシュナイダーの名前が『測定法教則』の刊記に記されていないこと、デューラーがその末尾に海賊版への警告の後に、「私は本書を再び印刷して、現状よりも多くの増補を加えた改訂版をいずれ出版したいと思っています。」と言うことができたことが理解される。同じ言葉は築城論にも該当するであろう。

Nr.1　1527 Nürnberg　[Bohatta 11a]
Etliche vnderricht, zu befestigung / der stet, Schlosz, vnd / flecken.
[Impressum :] Gedruckt zu Nürnberg nach der gepurt Christi. / Anno. MCCCCC.XXvij. / Jn / dem manat October.
Folio. 27 nn. Blätter (Titelblatt, A$_{1-4}$, B$_{1-4}$, C$_{1-6}$, D$_{1-5}$, E$_{1-4}$, F$_{1-2}$, 1 Blatt Errata), darunter 10 größere Einschlagblätter (A$_3$, B$_1$, B$_3$, C$_1$, C$_3$, D$_3$, E$_1$, E$_3$, F$_1$, F$_2$).

　2つの透かし。テキスト：走る熊（Meder Nr.95）と星と十字架の付きの球（Meder Nr.56）。正誤表の紙葉：走る熊（同上）。

　内容。表題紙葉　recto：大きな紋章の木版画、その下の表題、verso：献辞；Blatt A$_1$ recto bis Blatt F$_2$ verso：21の木版画付きのテキスト；[Blatt F$_3$ recto：] 正誤表（表題の行と21行）、verso：空白。

　チューリヒのスイス連邦共和国工科大学図書館所蔵の見本はこれに属する。この見本には《Vnderweysung der messing, mit dem zirckel vn richt/scheyt, …》, Nürnberg 1525（Erstdruck）が前に合本されている。合本の見返しに、デューラーの印刷物 Dürer/Drucken にも見られる紙が使用された。その透かしは Meder 34 に示された Bügelkrone である。その表紙は蓋 Klappe 付きの羊皮紙仮綴じ製本 Pergamentbroschur である。前の蓋に古い筆跡で《Kunstbuch Albrechten Dürers》と記されている。同文の表題が奇妙なことに1546年のフッガー在外商館ノイゾール Fugger Faktorei Neusohl の目録 Inventar に見られる。

　ボハッタは（攻囲を表す2枚続きの木版画を含めて）28紙葉を数える。この木版画は時々この書の巻末に添え物として付けられている。ヘラー Heller は木版画付きの本をなお3部見た。ルップリヒによればこの添え物のある見本は目下1部しかない（マンチェスターのトーマス・バーロー Thomas Barlow 卿所有—なおこの見本は現在メルボルン国立ヴィクトリア美術館に所蔵される・編纂者注—）。ハーヴァード・カレッジ図書館 Harvard College Library（Hofer Collection）は目録にこの珍しい木版画が添えられている新版の見本を1部挙げる。その紙葉は著作へのたまたまの添え物であるので、我々はファクシミリにではなく、解説 Kommentar の方に添えた。

Nr. 1a　1527 Nürnberg　　　　　[Rupprich III, 382]
　表題と刊記は Nr. 1 と同じ。
　20行の正誤表の付いた初版本の試し刷り。フランクフルト・アム・マインのシュテーデル美術キャビネット das Städelsche Kunstkabinett には、デューラー自筆の2つの訂正のみられる初版本の著者用見本 Verfasserexemplar が所蔵される。正誤表の最初の行は、初めが手書きであり、それに対応するテキストの箇所は、手で補われている。更にデューラーは Blatt E$_2$ verso の19行目において、《andern》という文字を消し、その上に《runden》という文字を上書きする。この第二の訂正はしかし印刷に考慮されないままであった。

Nr. 2　1527 Nürnberg　　　　　[Bohatta 11b]

　« manat »という文字が刊記にみられる初版本の変種Variante。Nr. 1　1527 Nürnberg [Bohatta 11a]の前に印刷されたもの。その正誤表は21行でなく、29行である。12行目の後の8行は、Blatt C4の正誤表として挿入されたものである。

　ボハッタは大英博物館（Michell-Exemplar）所蔵のこの変種について記す。それは帳LageのCからは紙葉1, 2, 3と6のみを含むが、それ以外は完全に揃っていると言われる（angeblich）。我々は比較のために、バーゼルの完全版（Universitätsbibliothek, vormals im Fäschischen Kunstkabinett）の紙葉を算える：

　表題紙葉、Blatt A1-4, B1-4, C1-6, D1-5, E1-4, F1-2,

　正誤表の紙葉（29行）

　3つの透かし。テキスト：走る熊（Meder Nr.95）と星と十字架の付きの球（Meder Nr.56）。正誤表の紙葉：十字架と星の挿し込まれたBügelkrone（Meder Nr.32に相似する）。

　テキストの文はVariante Nr. 1と完全に一致する。同様に両者に同じ透かしが見られる。29行からなる正誤表に唯一新しい透かしとしてBügelkroneが見られる。我々はそのことから、初版本Originalausgabe（Nr. 1）のある部分に後に更なる正誤表が加えられたことを推測する。

Nr. 3　«1527　Nürnberg», Neuauflage　[Bohatta 12]

Nr. 1と同じ表題紙葉

[刊記：]：Gedrückt zu Nürenberg nach der Gepurt Christi. / Anno. MCCCCCXXvij. / Jn dem monat October.

Folio. 26 nn. Blätter（Titelblatt, A2-4, A4, B1-4, C1-6, D1-5, E1-4, F1-2），

Darunter 10 größere Einschlagblätter（A4, B3, C1, C3, D3, E1, E3, F1-2）. 木版画の配置はNr. 1と同じ。

紙葉の対応関係：

Neuauflage：[A1], A2, A3, A4", A4, B1, B2…

Originalausgabe：Titelblatt, A1, A2, A3, [A4], B1, B2…

　この版には次のような特徴がある：

　刊記の最初の«manat»という語は«monat»に訂正されている。テキスト冒頭（A2）の頭文字の行は、より大きな文字で際だたせられている。テキストは一貫して版が新しく組まれている。誤植は正され、それ故正誤表は不要になった。テキストもより細かに明瞭に章節に区切られている。

　このNeuauflageの透かしには（Zentralbibliothek Luzern, früher Jesuitenkolleg, und der Stadtbibliothek Vadiana St. Gallenの見本では）、Aの上の首輪をつけられた「立ち止まる熊」（例えばMeder 93）の単独の場合、あるいはAの上の「十字架と蛇のいる雄牛の頭部」（例えばBriquet 15435；Mederにはない）とともに。

Nr. 3 a　«1527 Nürnberg»　　　　混合版 Mischausgabe

[fehlt bei Bohatta]

　Blatt C4-5までNr. 3と同じ状態。

　Stadtbibliothek WinterthurとGraphische Sammlung der ETH Zürichの見本、およびStadtbibliothek Bambergの見本（Faksimile des Verlags W. Uhl 1969による）に我々はこれら全ての見本に共通する不規則性を確認する。即ち、紙葉C4-5はOriginalausgabe（Nr. 1）から採用され（誤植は訂正されないままに、Nr. 1-2）、それに対応する透かし「走る熊」（Meder Nr.95）を帯びる。

141

第三部　デューラー「築城論」解説

　我々がこの混合版 Mischausgabe を特別の変種 Variante と認めれば、1527の年記を有する五種類の版があることになる。

　Brunet II, Sp. 913と Graesse II, S. 452における引用以来、デューラー文献では1530年と1538年のニュルンベルクの復刻版 Nachdruck が、詳細に論じられることなく、挙げられている。Bohatta の13と14、Singer（23）の Nr. 31／32もそうである。1530年と1538年の版を文献学的に精確に位置づけることは我々も成功しそうにない。ただ我々に言えることは、これらの版の事実的詳細が新版 Neuausgabe の両方の変種（Nr. 3 と Nr. 3 a）と類縁関係にあるということだけである。

Nr. 4　1603 Arnhem　　　　　[Bohatta 15a]
　1527年のニュルンベルク版の翻刻。初版の木版画付。
　表題は Nr. 1 と同じ。
［刊記 Impressum：］Gedruckt zu Arnhem im Furstendumb Gelldren, / Bey Johan Janssenn. Anno 1603. / Nach dem Exemplar, Gedruckt zu Nurenberg. Jm Jar. 1527.
Folio. 26nn. Blätter.（Titelblatt, A$_{2-5}$, b$_{1-4}$, C$_{1-6}$, D$_{1-5}$, E$_{1-4}$, F$_{1-2}$）。
　この翻刻の手本は21行の正誤表付きのニュルンベルクの初版本 Originalausgabe の見本である。これらの誤植はテキストでは訂正されているが、正誤表は29行のうちの付加的な8行からなるものではない。その他の点でアルンヘム版は正書法の点でニュルンベルクの印刷と全てが一致するわけではない。そこでは別のタイプのドイツ文字も使用されている。ベルン市・大学図書館 Berner Stadt- und Universitätsbibliothek 所蔵の見本（Opera A. Dureri）に準じて交合されている。

Nr. 5　1603 Arnhem　　　　　[Bohatta 15b]
　ボハッタは Janssens の印刷覚書 Druckvermerk なしにある変種を挙げ、それを紙の質と透かしから「全集」《Opera》から分離させられたものとみなす。ヤンセン Janssen は1603年に個々に出版されたデューラーの3つの理論書の翻刻を、1604年に《Opera Alberti Dureri, das ist, Alle bücher…》という共通の表題のもとに、もう一度市場に出した（Bohatta 33）。

Nr. 6　1823 Berlin　　　　近代語訳　Moderne Textübertragung
　Einiger Unterricht von der Befestigung der Städte, Schlösser und Flecken. Von Albrecht Dürer. Mit einer Einleitung neu herausgegeben. Mit 13 lithographirten Tafeln.
　Berlin, 1823. In der Maurerschen Buchhandlung.（Gedruckt bei G. Hayn）
　Oktav（八つ折り版）、52 Seiten Titel und Einleitung, 80 Seiten Text, 1 Seite Errata, 13 gefaltete Lithographieren (Nachzeichnungen der Dürer-Holzschnitte).
　この近代語訳を編集し出版した人物 Herausgeber の名は知られていない。ジンガー Singer Nr. 34 は、恐らく Brunet と Grasse に従って、同じく13のリトグラフィーが見られる1803年のベルリンの翻刻版を挙げるが、このような版は今日まで見出されていない。

ラテン語版
Nr. 7　1535 Paris　　　　　[Bohatta 16a]
　ALBERTI / DVRERI PICTO‒ / RIS ET ARCHITECTI PRAE‒ / STANTISSIMI DE VRBIBVS, ARCIBVS, / castellisque condendis, ac muniendis rationes / aliquot, praesenti bellorum necessitati ac‒ / commodatissimae : nunc recens è / lingua Germanica in Lati‒ / nam tradu‒ / ctae.（印刷所の商標）。

142

［刊記：］PARISIIS, / Ex officinal Christiani Wecheli, / sub Scuto Basiliensi. / M. D. XXXV.

Folio. 41 nn. Blätter (a1-6, b1-4, c1-6, d1-4, e1-6, f1-5, g1-4, h1-6). 木版画はデューラーのオリジナルによる上質の模刻 Nachschnitte である。

　紙葉の数え方は、2つのヴィーンの見本をもとにしたボハッタによるものである。我々の調べたルッツェルン中央図書館 Luzerner Zentralbibliothek（以前はシトー会大修道院 Zisterzienserabtei St. Urban LU 内にあった）の見本では、c6とh6が欠けている（h5は誤植表で終わる）。ルッツェルンの見本には更に紙葉 e5 verso にあるべき章の表題 « Rationes condendae arcis » が欠けている。それはヴィーンの Gilhofer & Ranschburg においても同じである（Bohatta 16 b は 16 a の変種 Variante として記される）。しかし文末の文字 « ... ae arcis » は、ルッツェルンの見本でははっきりと印刷されているので、この表題は技術的ミスのために出版の一部分で欠落したと思われる。

　ラテン語訳はバンベルクの文献学者ヨアヒム・カメラリウス Joachim Camerarius（1500-1574）によるもので、彼は当時ニュルンベルクのアエギディエン・ギムナジウム Aegidien-Gymnasium の教授であった。紙葉 h5 に付加されたクイントゥス・クルティウス・ルフス Quintus Curtius Rufus（アレクサンドロス大王伝 Historiae Alexandri Magni）に準拠した都市バビロンの記述も彼による。

　テキストに先行する出版者の書簡体による献辞は、軍人ギヨーム・デュ・ベッライ・ドゥ・ランギ Guillaume du Bellay de Langey（1491-1543）に宛てられたものである。ランガエウス Langaeus は皇帝軍に対する北イタリア戦争で卓越した役割を演じ、歴史家および軍事理論家としても際だっていた。ラブレー Rabelais は彼を『パンタグリュエル物語』のなかでフランスの最も完璧な騎士と呼んでいる。

　コンラート・ゲスナー Conrad Geßner（Bibliotheca universalis, Tiguri 1545, Bl. 17 verso）はラテン語版の刊行年を1531年とし、ベイル Bayle もメテール Maittaire もそのままそれを受け継いだ。しかしその誤りはすでに1574年にジムラー Simler（Gesneri bibliotheca univ. instituta）によって修正された。

フランス語版
Nr. 8　1870 Paris
　Instruction sur la fortification des villes, bourgs et châteaux par Albert Durer, traduit... et précédé d'une introduction... par A. Ratheau.
　Paris, Tanera 1870. Folio.
　この版はかなり稀少であるように思われる。我々はパリ国立図書館とベルギー陸軍省図書館にのみそれを見出した。
　ラトー Ratheau はデューラーの述べたペルピニャン Perpignan 近郊のサルセス Salces 要塞に関する研究の著者でもある。

年　譜

年代	年齢	事項
1471年		五月二十一日、ニュルンベルクに金細工師アルブレヒト・デューラー（1502年没）とその妻バルバラ（1514年没）の息子として生まれる。
1484年	13歳	現存する最初の素描「自画像」（銀筆、ヴィーン、W. 1）が描かれた。

第三部　デューラー「築城論」解説

1485頃-6年		父の許で金細工師になる修業をした。
1486年	15歳	十一月三十日、画家ミヒャエル・ヴォールゲムートの許で画家になる修業を始めた。
1489年	18歳	この年の終わりにヴォールゲムートの許における修業を終了した。
1490-94年	19-23歳	遍歴時代。コルマール、バーゼルおよびシュトラスブルクに滞在。
1494年	23歳	ニュルンベルクに帰郷後、七月七日、アグネス・フライと結婚、インスブルックを経てヴェネツィアに旅行した。
1495年	24歳	晩春、ニュルンベルクに帰郷、ヴィリバルト・ピルクハイマーとの交友始まる。
1496年	25歳	四月、ザクセン選帝侯フリードリヒ賢公ニュルンベルクを訪問、その後生涯の保護者となる。彼は最初の大きな絵画（ウィッテンベルク城の祭壇画二点）を注文した。
1497年	26歳	最初の記年銅版画「四人の魔女」(B.75) 制作。モノグラムもこの頃より使用。
1498年	27歳	連作木版画「ヨハネ黙示録」全十五点、および同「大受難伝」七点刊行。版画家としての名声を確立した。他にプラドの「自画像」制作。
1499年	28歳	「トゥッヒャー家の肖像」、「オスヴォルト・クレルの肖像」制作。
1500年	29歳	ヤーコポ・デ・バルバリの影響下に人体均衡論の研究を始める。ミュンヘンの「自画像」制作。
1502年	31歳	九月二十日、父死去。母と弟ハンスを引き取る。
1503-04年	32-33歳	連作木版画「聖母伝」十七点刊行。「兎」、「大きな芝草」、「多くの動物とともにいる聖母子」制作。1503年に発病。
1504年	33歳	銅版画「アダムとイヴ」(B.1)、ウフィツィの「三王礼拝図」制作。
1504-05年		「緑紙受難伝」、「ゴルゴダの丘」制作。
1505-07年	34-36歳	晩夏にヴェネツィアに向かい、一年半滞在。1506年に「ローゼンクランツ祝祭図」受注し、完成。この年の秋にボローニャに旅行。「神殿における12歳のキリスト」、「鶸の聖母」制作。1507年春、帰国。
1507年	36歳	油彩画「アダムとイヴ」（プラド）制作。
1508年	37歳	「一万人の殉教」制作。「ヘラー祭壇画」のための習作にとりかかる。この時期に書かれたとみられる「絵画論」内容呈示の遺稿が現存する。
1509年	38歳	ティーアゲルトナー門前に屋敷を購入（現在の「デューラーハウス」）。「ヘラー祭壇画」制作（消失）。
1509-11年		連作木版画「小受難伝」完成、連作銅板画「小受難伝」四点制作。
1511年	40歳	「聖三位一体の礼拝」（ランダウアー祭壇画）制作。大小の版による連作木版画「受難伝」、「聖母伝」および「ヨハネ黙示録」（第二版）をそれぞれ本として刊行。
1512年	41歳	マクシミリアン皇帝ニュルンベルク行幸。これより帝室関係の仕事始まる。連作銅版画「小受難伝」十点制作。
1513年	42歳	銅版画「騎士と死神と悪魔」(B.98) 制作。この時期に書かれたとみられる「絵画論」関係の多数の遺稿が現存する。
1514年	43歳	五月十七日、母の死。銅版画「僧房の聖ヒエロニムス」(B.60) と「メレコリアⅠ」(B.74) 制作。

1515年	44歳	「マクシミリアン祈祷書」の周縁装飾。木版画「凱旋門」(B.138) 制作。皇帝より年金百グルデン支給の特典を得る。
1516年	45歳	「カーネーションの聖母」、「ミヒャエル・ヴォールゲムートの肖像」、「聖ピリポ」と「聖ヤコブ」制作。鉄版エッチング制作。
1518年	47歳	「ルクレティア」制作。夏、アウグスブルクで開会中の帝国議会に出席。
1519年	48歳	一月十二日、皇帝マクシミリアン一世崩御。五月か六月にピルクハイマー等とともにスイス旅行。「皇帝マクシミリアンの肖像」制作。
1520-21年	49-50歳	七月十二日、ネーデルラント旅行に出立。妻アグネスと女中とを連れて、一年程ネーデルラントの各地を訪問。目的は年金継続のためアーヘンで行われる新皇帝の戴冠式に参加して許可を得るにあった。アントウェルペンを基地にしてアーヘン、ホラント、メーヘルン、ブリュッセル、ブリュージュ、ヘント等を訪れ、翌年の七月末にニュルンベルクに帰った。この間、彼は各地で盛大な歓迎をうけ、またフランドル地方の名画を見て廻った。「聖ヒエロニムス」制作。
1523年	52歳	この年に出版する予定であった「人体均衡論」第一書の完成稿が現存する。
1525年	54歳	デューラーの最初の本『測定法教則』公刊。
1526年	55歳	ミュンヘンの「四使徒」制作。これをニュルンベルク市参事会に贈る。「ヒエロニムス・ホルツシューアーの肖像」、「ヤーコプ・ムッフェルの肖像」制作。
1527年	56歳	『築城論』公刊。
1528年		四月六日、デューラー没。ニュルンベルクのヨハネ墓地に埋葬される。没後、『人体均衡論四書』公刊。

挿図35 デューラーの木版肖像画

第三部　デューラー「築城論」解説

編者あとがき

　デューラー（1471-1528）の著作『築城論』（1527年刊行）は、当時ハンガリーを蹂躙しヴィーンに迫りつつあったトルコ軍に対して、強固な要塞を築城する方法を示すために刊行されたものである。油彩画「四使徒」や銅版画「メレンコリアⅠ」等の不朽の名作で知られ、またドイツ・ルネサンス美術の創始者とも言えるデューラーが、要塞建築という彼からすれば幾分畑違いの分野の書を敢えて公刊したのは、当時のヨーロッパ社会の危機感の強さを物語るとともに、キリスト教国防衛の一端を担おうとする彼の宗教的愛国心の現れでもある。

　デューラーはこの書で要塞における稜堡の建築から筆を起こし、要塞化された理想都市、狭隘地の円形要塞と筆を進め、最後に城壁に囲まれた古い都市を要塞化する方法を述べて筆をおいた。このようなデューラーの『築城論』の歴史的意義について、ヴェツォルトが「デューラーの著作は、当時の砲兵隊戦術から生じた防御システムを、展開させることを試みた、最初の印刷された築城論である。ドイツ人として初めて時宜に適った要塞理論について体系的に考え抜き、ドイツ語による著作を公刊したという名声はいつまでもデューラーにのこり続ける」と述べているのは、けだし至言というべきであろう。

　私事にわたるが、ここで本書刊行の契機と経緯について些か記したい。その契機は、筆者がデューラーの美術理論に関心を抱き、長年デューラーの理論的著作と遺文の研究に専念してきたことにある。『アルブレヒト・デューラー「人体均衡論四書」注解』、『アルブレヒト・デューラーの芸術』、『アルブレヒト・デューラー「絵画論」注解』および『アルブレヒト・デューラー「測定法教則」注解』（いずれも中央公論美術出版、それぞれ1995、1997、2001、2008年刊行）はいずれもその成果である。ただデューラーの『築城論』のみが読解上の難解さのため、その邦訳に手が付けられないままであった。

　『アルブレヒト・デューラー「測定法教則」注解』が公刊された後、『築城論』を邦訳し、これに解説を付して出版することを筆者は意図し、その最初の作業としてルップリヒの『デューラー遺稿集』第3巻所収の『築城論』草稿を翻訳した。それは「デューラー「築城論」草稿の試訳」（1）および同（2）として、九州産業大学芸術学会研究報告第42巻と43巻、2011と2012年、に掲載された。

　上記「草稿の試訳」と並行しながら、筆者は『築城論』の読解にとりかかった。しかしその作業は遅々として進まなかった。その主たる理由は、『築城論』のテーマが、筆者には未研究の分野である建築、しかも要塞という軍事関係の建築であるということにあった。そこで先ず、上述したヴィルヘルム・ヴェツォルトの著書『デューラーの築城論』（1916年）を読んで、『築城論』の全体像を理解することに努めた。その後イェッグリ編のファクシミリ版における解説等から、『築城論』に記述されてい

編者あとがき

る個々の内容について具体的イメージを得るように努めた。このようにしてなったのが本書の邦訳である。

　本書により、デューラーの著作3書とその遺稿集の主要部をなす絵画論について、その「注解」集が完結される。デューラーに関するこれらの注解集がこれからの我が国におけるデューラー研究の一助になれば、筆者にはなによりの幸いである。多くの研究者から忌憚のないご意見やご批判の寄せられることを願うものである。

　本書の刊行に際して、ヴィルヘルム・ヴェツォルトの著書『デューラーの築城論』のコピーを提供して頂いた丸山純先生（千葉大学）、カメラリウスのラテン語訳のデータを提供して頂いた竺覚暁先生（金沢工業大学）、ならびに拙訳を読み、多くの貴重なご指摘を頂いた杉本俊多先生（広島大学）に、心より御礼を申し上げたい。

　最後に筆者のデューラー研究を励まされた恩師の故谷口鉄雄先生（九州大学名誉教授）と平田寛先生（九州大学名誉教授）の学恩に感謝するとともに、今回も出版を快く引き受けられた中央公論美術出版の小菅勉社長をはじめとする皆様方に、ここに厚く謝意を表したい。
　末尾乍ら、筆者の恩師で国際的なデューラー研究家、故前川誠郎先生（東京大学名誉教授、前国立西洋美術館長）にその学恩を深く感謝するとともに、ささやかながらこの書をそのご霊前に捧げます。
　　平成25年6月10日

　　　　　　　　　　　　　　　　　　　　　　　　　　　　　　　　　　　　下村　耕史

索　引

　この索引は総索引である。人名と作品および著書・論文が関連する場合には、最初に人名が記され、その下に一字分下げて関連する事項が記される。著書は『　』、論文と作品は「　」で示される。事項が両頁にわたるときには、例えば5／6と記される。これは当該事項が5頁から6頁にわたることを示す。

ア行

アウグスブルク　102, 108, 111, 145
アエギディオン・ギムナージウム　143
アグネス・フライ（デューラーの妻）　144, 145
アステカ王国　134, 138
アプリア地方　105
アーヘン　145
アリーン　128
アルキメデス　v
アルコ要塞　118
アルベルティ、レオン・バティスタ　iv, 96, 102, 103, 131
　『絵画論』　iv
　『彫刻論』　iv
　『建築論』　iv, 102, 131
　『レオン・バティスタ・アルベルティ　建築論』（相川浩訳）　131
アルンヘム　142
アレクサンデル6世（教皇）　110
アンコーナ　104
アントウェルペン　145
アントニオ・デ・スパティオ　110
アンドレアエ、ヒエロニュムス（通称フォルムシュナイダー）　139, 140
アンドレア・ダ・フェラーラ、ヤーコポ・　104
アンブロジアーナ図書館　105, 119, 138
イェッグリ、アルヴィン・E.　95, 112, 114, 121, 122, 123, 133, 134, 135, 138
イエーンス、マックス　125, 128, 136
　『軍事学の歴史』　128
　『軍事史』　128
イスパニア　1
イタリア　iii, iv, 96, 97, 98, 102, 103, 104, 107, 108, 124, 125, 129, 132, 133, 143
イタリア人　v, 124, 132
イタリア・ルネサンス　v
イタリア旅行　iv, 98, 99, 108
イムホフ家　132
インゴルシュタット要塞　123, 138

インスブルック　108, 144
インスブルックの武器庫　108
ヴァイゲンハイム　110
ヴァウェルマン　128
ヴァルター、ベルンハルト　vi
ヴァザーリ・イル・ジョーヴァネ（ジョルジョ・ヴァザーリの甥）　127, 138
ヴァザーリ、ジョルジョ　127
　『美術家列伝』　127
ヴァルター、ベルンハルト　vi
ヴァルトゥリオ、ロベルト　104
　『軍事書22巻』　104
ヴァルラーベ　128
ウィッテンベルク城　144
ヴィッリヒ、ハンス　135
ウィトルーウィウス　iii, 27, 28, 96, 98, 100, 101, 102, 104, 115, 130, 131, 133
　『建築書』・『建築十書』　iv, 96, 98, 101, 115, 131
　『ウィトルーウィウス建築書』（森田慶一訳）　130
ヴィーン　97, 110, 143
ヴィーン包囲　110, 136
ウェゲティウス（フラヴィウス・ウェゲティウス・レナートゥス）　102
　『軍事要論』　102
ヴェツォルト、ヴィルヘルム　96, 101, 102, 105, 107, 108, 109, 111, 112, 120, 121, 123, 124, 128, 129, 132, 133, 134, 135
ヴェネツィア　iii, 97, 103, 132, 144
ヴェルナー、ヨハネス　vi
ヴェローナ　108, 124, 131, 132, 138
ヴォーバン　125, 128
ヴォールゲムート、ミヒャエル　144
ウフィツィ美術館　127, 138
ウルリッヒ・フォン・ヴュルテンベルク公爵　108
ウンノート（ムノート）　123, 124, 138
エアフルト　102,
エジプト王　3, 113
オーストリア　2, 97
オスマン帝国　97

148

オット・フォン・アエヒテルディンゲン、ミハエル　107, 108, 135
オトラント　97
オルシーニ家　105

カ行

カイザー、コンラート　107
　『軍事要塞』　107
ガウリクス、ポンポニウス　iv
　『彫刻論』　iv
カステッロ・サン・タンジェロ（天使城）　104, 110
カタロニア　109, 134
カタロニア国　45, 109
ガッティナーラ　127
カメラリウス、ヨアヒム　111, 143
カール５世（皇帝）　97, 100, 108, 127
カルノ　129, 136
カルロス５世　134
ガレアッツォ・デ・サン・セヴェリーノ　104
慣習的技術　iv
鑑定書　100
鑑定人　111
カンパニャーノ　105
幾何学　iii, v, vi
九州産業大学芸術学会研究報告　134
ギヨーム・デュ・ベッライ・ドゥ・ランギ　143
ギリシア人　v
ギリシア美術　iv
クザーヌス、ニコラウス　vi
グナーデンベルク修道院教会　100, 111
Clause（峡谷要塞）　37, 85, 109, 118, 135
グラーツ　128
グルーバー、カール　118, 120, 138, 139
　『図説ドイツの都市造形史』（宮本正行訳）　138, 139
クルフト、ハンノ＝ヴァルター　134, 139
　『建築論全史 —古代から現代までの建築論事典 Ⅰ—』（笠覚暁訳）　134, 139
グロッガウ　128
グロッケンドン、アルブレヒト　108
クローネンブルク要塞　135
　『ゲオメトリア・クルメンシス』　v
ゲオルク・フォン・フルンツベルク　100
ゲオルク・フォン・ポイエルバッハ　vi
ゲスナー、コンラート　143
ケルン　108
国立西洋美術館　135
ゴシック　98
ゴシック美術　iv

コーゼル　128
古代ローマ　27, 101, 102
コーベルガー、アントン　134
コルテス、ヘルナンド　134, 138
　『書簡』　138
コルマール　144
コルムナ、アエギディウス　102
コルモンテーニュ　125, 128
コンスタンティノープル　97

サ行

再生　v
ザクセン選帝侯　108
サルサス要塞・サルスス峡谷・サルスス要塞・サルセス要塞　45, 105, 109, 134, 138, 143
サンガッロ、アントニオ・ダ　110
サンガッロ、ジャンベルティ・ディ　106
サン・ミケーレ（ミケーレ・サンミケーリ）　108
シェルマー、ハンス　107, 135
　『火器と装填』　107
シェルビー、ロン・R.　vii
　『ゴシック建築の設計術―ロリツァーとシュムッテルマイアの技法書―』（前川道郎・谷川庚信訳）　vii
シェーン、エアハルト　138
シトー会大修道院　143
ジムラー　143
下村耕史　134,
　『アルブレヒト・デューラー「測定法教則」注解』　vii
　『アルブレヒト・デューラー「人体均衡論四書」注解』　vii
　『アルブレヒト・デューラー「絵画論」注解』　vii, 130
　「デューラー「築城論」草稿の試訳」（１）　134
　「デューラー「築城論」草稿の試訳」（２）　135
シャインフェルト　110
シャフハウゼン　123, 138
ジャンバティスタ・デッラ・ヴァッレ　107
シュヴァイトニッツ　128
シュヴァルツェンベルク城　110
十字軍　97
シュタイガーヴァルトシュツーフェ　110
シュテーデル美術キャビネット　140
シュトラスブルク　135, 144
ジュピッテラートール　133
シュペックレ、ダニエル　124, 125, 127, 129, 135, 136, 138
　『要塞論』　124
シュムッテルマイア、ハンス　v, vii

索　引

『ピナクルに関する小冊子』　v／vi, vii
シュレージエン　134
シュワーベン戦争　123
シュワーベン同盟　100, 108
ショッホ　121
ジンガー　142
人体均衡論　iii, 101, 144
スイス　95, 145
スイス戦争　109
スフォルツァ家　104
スフォルツァ、ルドヴィーコ　105
スフォルツィンダ　103, 106
スペイン　106
スレイマン1世　97
ゼヴェリーン門　108
セルリオ、セバスティアーノ　134
　『建築七書』　134
　『戦術論』　108
ゾルムス伯爵ラインハルト　123, 135
　『要塞建築と維持管理に関する概要』　135

タ行

大英博物館　121, 138, 141
対立王　97
タルターリア　124
チェス盤図式　102, 103
チェス盤模様　125, 127
チェルッテ、ヨーハン　97, 110
チューリヒ工科大学　95, 140
チューリヒ城砦　135
チロル　2
ツヴィンガー　27, 28, 45, 112, 116, 120
筒の長い野砲　122
帝国議会　97, 110, 111, 132, 145
ティーアゲルトナー門　112, 144
ティノチティトラン　134, 138
ディーペルスドルフ　111
デ・プロミス　129
デ・マルキ、フランチェスコ　124, 125, 138
　『軍事建築論』　125, 138
デュッセルドルフ　135
デューラー、アルブレヒト　各頁・随所
　「アダムとイヴ」（銅版画）　144
　「アダムとイヴ」（油彩画）　144
　「アルコ風景」　98, 118, 137
　「イタリアの城塞」　98, 137
　「一万人の殉教」　144
　「兎」　144
　「大きな芝草」　144
　「大きな大砲」　100, 122, 137
　「多くの動物とともにいる聖母子」　144
　「オスヴァルト・クレルの肖像」　144
　「覚書」　iii
　「絵画論」　v, 99, 101, 144
　「凱旋門」　100, 122, 137, 145
　「家譜」　iii
　「カーネーションの聖母」　145
　「騎士と死神と悪魔」　144
　「臼砲」　100
　「皇帝マクシミリアンの肖像」　145
　「ゴルゴダの丘」　144
　「三王礼拝図」　144
　「自画像」（ミュンヘン）　144
　「自画像」（プラド）　144
　「13歳の自画像」　143
　「城塞とともにニュルンベルクを西側から描いた水彩画」　98, 137
　「小受難伝」（銅版画）　144
　「小受難伝」（木版画）　144
　「女性風呂」　117, 138
　『人体均衡論四書』　iii, iv, 96, 101, 139, 145
　「神殿における12歳のキリスト」　144
　「聖三位一体の礼拝」（ランダウアー祭壇画）　144
　「聖ヒエロニムス」　145
　「聖ピリポ」　145
　「聖母伝」　144
　「聖ヤコブ」　145
　「僧坊の聖ヒエロニムス」　144
　『測定法教則』　iv, v, vi, 96, 99, 110, 115, 139, 140, 145
　「大受難伝」（木版画）　144
　「断崖と海の間の要塞」　119, 138
　「男性風呂」　117, 134, 138
　『築城論』　v, vi, 1, 51, 95, 96, 98, 101, 107, 108, 109, 111, 112, 114, 118, 120, 121, 122, 123, 128, 129, 130, 133, 135, 138, 139, 145
　「トゥッヒャー家の肖像」　144
　「都市の攻囲」（＝「要塞の攻囲」）　50, 120, 135
　「トレント光景」（＝「トレントの要塞」）　98, 137
　「ネーデルランド紀行」・「ネーデルランド旅日記」　iii
　「ネーデルランド旅行スケッチ帖」　137
　「ヒエロニムス・ホルツシューアーの肖像」　145
　「鶉の聖母」　144
　「二つの城塞」　98, 137
　「ヘラー祭壇画」　144

「ホーエンアスペルクの包囲」 100, 123, 130, 137
「マクシミリアン祈祷書」 145
「ミヒャエル・ヴォールゲムートの肖像」 145
「メレンコリア I」 96, 144
「ヤーコプ・ムッフェルの肖像」 145
「四人の魔女」 144
「ヨハネ黙示録」 144
「四使徒」 96, 145
「ルクレティア」 145
「緑紙受難伝」 144
「ローゼンクランツ祝祭図」 144
デューラー、アルブレヒト（父） 143
『DÜRER アルブレヒト・デューラー版画・素描展』 135
デューラー、ハンス 144
デューラーハウス 144
ドイツ iii v vi, 95, 107, 108, 112, 115, 123, 128, 129, 132
ドイツ解放戦争 128
『ドイツ幾何学』 v, vii
ドイツ騎士団 v
ドイツ統一 128, 129
『ドイツの火薬兵器の書』 107
ドイツ美術 iii, iv
ドイツ・ルネサンス 96
トゥッヒャー、マルティン 100
ドミニクス・パリジエンシス v
『実践幾何学』 v
トリノ 105
トルコ 2, 97, 98, 108, 110
トルコ人 2, 97, 98, 105, 110, 136
トルセッロ、マリン・サヌート 102

ナ行

ナイセ 128
鉛砲 122
ニコラウス、リールの 134, 138
『聖書註解』 134, 138
「ソロモンの神殿」 134, 138
ニーダーエステルライヒ地方 110
ニュルンベルク iii, v, vi, 1, 48, 51, 95, 97, 99, 109, 110, 111, 112, 118, 122, 130, 132, 133, 134, 142, 143, 144, 145
ニュルンベルク武器庫 122
ネーデルランド 108, 128, 145
ネーデルランド旅行 98, 100, 145
ノイトール 133
ノートヴェアー 108

ハ行

バイエルン 128, 134
ハイデルベルクの円塔 112
ハイメンドルフ 111
ハイリゲン・クロイツ 123, 138
ハーヴァード・カレッジ図書館 140
パヴィア大聖堂 105
バーゼル 141, 144
パチョーリ、ルカ iv, 104
『神聖比例』 iv, 104
パドヴァ 104, 106
バビロン 143
ハプスブルク 2, 97
パリ国立図書館 143
バルバーラ（デューラーの母） 143
バルバリ、ヤーコポ・デ（ヤーコブス） iii, 144
パルマ・ヌオーヴァ（フリウリ・ヴェネツィア・ジュリア州ウーディネ県） 127
バーロー卿、トーマス 140
版画素描館 137
ハンガリア 1, 2
ハンガリー 97, 98, 108
ハンガリー王国 97
バンベルク 95, 110, 143
バンベルク州立図書館 95
ピエロ・デッラ・フランチェスカ iv
『絵画の透視図法』 iv
ピサ 106
ビザンティン帝国 97
ピラミッド 3, 113
ピルクハイマー、ヴィリバルト iii, vi, 97, 100, 109, 110, 144, 145
『スイス戦争』 110
フィレンツェ 102, 138
フィラレーテ（通称、本名アントニオ・アヴェルリーノ） 96, 103, 104, 106, 134, 137, 138
『建築論』 103, 137
「理想都市スフォルツィンダのプラン」 137
「理想都市スフォルツィンダの円塔平面図」 138
フィリップ・ヴィル 127
フィリップ・フォン・クレーヴェ 120
「新たな要塞化とマキアヴェッリ」 120
フェラーラ 104, 132
フェルディナント王（1世） 1, 2, 97, 98, 110, 130
フォン・イムホフ 128, 129
『近代築城術にとってのアルブレヒト・デューラーの意義』 128
フォン・ツァストロー 128, 129

索　引

『永続的築城術の歴史』 128
『築城術便覧』 128
フォン・デア・ゴルツ、コルマール 128, 129, 135
　「ドイツの築城術の展開に及ぼしたデューラーの影響」 128
フゴ、サン・ヴィクトルの vii
　『実践幾何学』 vii
ブステッター、ハンス 108
　『重要な報告』 108
フッガー兄弟 111
フッガー在外商館ノイゾール 140
フッゲライ 111, 133
フューラー（クリストフ3世） 110, 132, 133
　「助言と論述」 132
　『要塞に関する助言、城砦と要塞の建造法、包囲から防御する方法、鉄砲および大砲製造師の職について』 132
フューラー家 100, 111
フラウエントール 133
ブラウンシュヴァイク 137
ブラジウス・コレクション 137
プラド美術館 144
ブラバント 2
フランクフルト・アム・マイン 140
フランケン 107, 133
フランス 45, 107, 109, 128, 129, 136
フランス派 128
フランチェスコ・デ・ポゾ 110
フランドル 2, 145
フリードリヒ賢公（ザクセン選帝侯） 144
フリードリヒ大王 128
ブリュージュ 145
ブリュッセル 145
ブルグント 2
ブルゴーニュの大砲 122
ブルネレスキ 105
ブレスラウ（クラカウ） 134
ブレーメン美術館 137
フレンスペルガー、レオンハルト 135
　『守備隊と要塞の食料供給』 135
プロイス、ヤーコプ 108
プロイセン 128
　新プロイセン派 128
プロクロス v
ブロックハウス 111
　『ドイツ諸都市の芸術とその意義』 129
ベイル 143
ベオグラード 97

ベーハイム、ローレンツ 110
ベーメン 1, 2, 98
ベーメン王 97
ヘラー 140
ベルヴェデーレ要塞 106
ベルギー陸軍省図書館 143
ペルージア 104
ペルピニャン 143
ベルリン 117, 137, 142
ベルリンの団地アパート 117
ベルン市・大学図書館 142
ヘント 145
遍歴時代 iii, 144
放射状図式 106, 125, 134
放射状星形 103
ホーエンアスペルク 100, 108
ホーエンヴァンク、ルートヴィヒ 102
ホーヘンランツベルク 110
ボッカーレの稜堡 108, 124, 138
ボハッタ 139, 140, 141, 143
ポッペンロイター、ヨーハン 100
ポライウオーロ iii
ホラント 145
ボルジア、チェーザレ 110
ボローニャ 103, 144

マ行

マイスター・ヨーハン 135
前川誠郎 vii, 132
　『アルブレヒト・デューラー　ネーデルランド旅日記　1520－1521』 vii, 101, 130
　『アルブレヒト・デューラー　ネーデルランド旅日記』 vii, 130
　『デューラーの手紙』 vii, 131, 132
　『デューラー　自伝と書簡』 vii, 131, 132
　『デューラー　人と作品』 vii, 132
マキアヴェッリ、ニッコロ 106, 108
　『戦術論』 106, 108
　『ニッコロ・マキアヴェッリ戦術論』（浜田幸策訳） 132
マクシミリアン皇帝（マクシミリアン1世） 2, 106, 107, 108, 109, 122, 144, 145
マクシミリアン・ヨーゼフ（オーストリア大公） 128
マグデブルク 131
マスケット銃（火縄銃） 123
マラテスタ、シジスモンド 104
マリア、オーストリアの 97
マルタ島 127

152

マルティーニ、フランチェスコ・ディ・ジョルジョ　96, 105, 106, 129, 134, 138
　『市民建築と軍事建築に関する理論書』　105, 129, 138
マンテーニャ　3
マンチェスター　140
ミケランジェロ　96, 106
ミート、ミヒャエル　135
ミュンヘン　123, 144, 145
ミラノ　105, 108, 119, 132, 138
メテール　143
メーヘルン　100, 145
メルツ、マルティン　107
　『砲術書』　107
メルボルン国立ヴィクトリア美術館　135, 140
モハーチの戦い　97, 98
モンタランベール　129, 136

ヤ行

ヤンセン　142
ヨハネ墓地　110, 145
ヨーハン・フォン・クレーヴェ　108／109
ヨーハン・フォン・シュヴァルツェンベルク　110, 132
ヨーハン・フォン・ラウフェン－ヴュルテンベルク伯爵　102
40ポンド砲　122

ラ行

ラ・ヴァレッタ　127
ラウフ　111
ラウファートール　133
ラトー　128, 129, 143
ラブレー　143
　『パンタグリュエル物語』　143
ラミレス、ドン　105, 109
ラムジオ、パオロ　131
ラファエッロ　96

ランガエウス　143
理想都市　103, 106, 115, 125, 130, 131, 134, 138
理想要塞都市　138
リーミニ　104
リューネブルク　131
リンプラー　129, 136
ルーヴル美術館　137
ルッツェルン中央図書館　143
ルップリヒ　vi, 140
　ルップリヒ編『デューラー遺稿集三巻』　vii
ルートヴィヒ2世（ラヨシュ2世）　97, 98
ルートヴィヒ・フォン・アイプ・ツム・ハルテンシュタイン　107
　『軍備論』　107
ルネサンス　iii, 96, 102, 103, 106, 115
ルネサンス美術　iv, 96
ルフス、クイントゥス・クルティウス　143
　「アレクサンドロス大王伝」　143
レウカーテの潟　134
レオ10世（教皇）　97
レオナルド・ダ・ヴィンチ　iv, v, 96, 104／105, 105, 138
　「絵画の書」　iv
　「アトランティコ手稿」　105, 138
　「稜堡と半月堡のある要塞」　138
レギオモンタン－ヴァルター文庫　vi
レギオモンタヌス、ヨハネス　vi
　「幾何学書」　vi
レース・アム・ライン　109
ローゼネック要塞　135
ローマ　104
ローマ皇帝　2
ローマ人　v
ローマ美術　iv
ロリツァー、マテス　v, vii
　『ピナクルの正しい扱いに関する小冊子』　v, vii
ロンドン　121,

〔編著者略歴〕

下村耕史（しもむら・こうじ）

1942年福岡市に生まれる。美術史家。九州産業大学芸術学部美術学科教授。九州大学文学部哲学科（美学美術史専攻）、同大学院修士課程修了。ドイツ、ミュンヘン大学留学。文部科学省21世紀COEプログラム「九州産業大学柿右衛門様式陶芸研究センタープログラム」拠点リーダー。

著書に『デューラー』（講談社）、『アルブレヒト・デューラー「人体均衡論四書」注解』（中央公論美術出版）、『アルブレヒト・デューラーの芸術』（中央公論美術出版）、『アルブレヒト・デューラー「絵画論」注解』（中央公論美術出版）、『アルブレヒト・デューラー「測定法教則」注解』（中央公論美術出版）。

訳書に『北方ルネサンスの美術』（オットー・ベネシュ著、共訳、岩崎美術社）、『デューラー』（ペーター・シュトリーダー著、共訳、中央公論社）、『芸術と進歩』（E.H. ゴンブリッチ著、共訳、中央公論美術出版）、『ヤン・ファン・エイク「ヘントの祭壇画」』（ノルベルト・シュナイダー著、三元社）、『絵画に現れた光について』（ヴォルフガング・シェーネ著、中央公論美術出版）など。

アルブレヒト・デューラー「築城論」注解 ©

平成二十五年六月一日印刷
平成二十五年六月十日発行

編著者　下村耕史
発行者　小菅 勉
印刷製本　藤原印刷株式会社
製函　株式会社加藤製函所

中央公論美術出版

東京都中央区京橋二の八の七
電話〇三・三五六一・五九九三

ISBN978-4-8055-0714-8